完全独習

ベイズ統計学入門

小島寛之
Hiroyuki Kojima

ダイヤモンド社

第0講

四則計算だけで理解する ベイズ統計学
本書の特長

0-1　予備知識ゼロから実用レベルに到達できる

　本書は、「ベイズ統計学」と呼ばれる統計手法の**超**入門書です。「超」とはどういう意味か、というと、

- 予備知識ゼロからのスタート
- 難しい記号や計算なしに、ベイズ統計が使えるようになる
- "お話"だけでごまかすのではなく、免許皆伝レベルを達成する

ということです。
　ベイズ統計は、多くの社会人が関心を持っているにもかかわらず、これまでの教科書は、導入部は平易なものの、途中から急に難しくなって、たいていの読者が挫折を余儀なくされます。それは、読者がベイズ統計の本質を感覚的に把握できる前の時点で、確率記号が乱舞する世界に巻き込まれ、理解が追いつかなくなってしまうからです。
　本書では、その轍を踏まないように、いくつかの工夫をしました。以下、その工夫について説明していきます。

0-2　使うのは面積図と算数だけ

　　ベイズ統計は、「ベイズの公式」という確率公式を下敷きに展開します。これは、「条件付確率」という確率の発展事項に立脚しています。「ベイズの公式」は一応高校数学で習うものなのですが、とてもわかりにくい概念です。なぜわかりにくいか、というと、理由は2つあります。第一は、公式が複雑な形をしていて直観的でないこと、第二は、そもそも条件付確率というのが、ある意味では「うさん臭い」概念で、慎重にものを考える人は「なんか変な感じがする」と疑問を持ってしまうこと、です。

　　実は、この第二の点は、ベイズ統計にとってとても大切です。その**「うさん臭さ」こそが、ベイズ統計の本質であり、利便性とつながっている**からです。あとで詳しく解説しますが、その「うさん臭さ」が批判を浴び、ベイズ統計は20世紀初頭に、いったん統計学から葬り去られてしまうことになりました。しかし、ベイズ統計の「うさん臭さ」と「利便性」とは表裏一体の関係にあり、「うさん臭いからこそ使える」のです。その「利便性」のほうに注目した学者たちによって、ベイズ統計は、20世紀後半に復権することとなりました。21世紀現在、ベイズ統計は逆に統計学の主流派と成り代わりました。

　　そこで、本書では、この2つの点を考慮し、次のような工夫をしました。

工夫その1
ごく一部を除き「ベイズの公式」は表に出さない方針を貫いた

　　代わりに、「**面積図で図解する**」という方針をとりました。本質的にはベイズの公式と同じことをしているのですが、多くの読者にとって、**図解のほうが直観に訴え、理解が簡単になる**と考えたからです。さらには、「面

積図」を使うことで、「ベイズの公式」のどこがどううさん臭いか、どこがどう利便性に富んでいるか、それらもはっきりするのです。

工夫その2
計算は算数レベルで済ませる

つまり、**すべてが四則計算だけで済みます。** ルートや文字式計算さえ不要です。その四則計算も、手計算が不得意な人は、電卓を使えば苦労せず実行できます。

もちろん、本書でも最後のほうに、「ベータ分布」や「正規分布」などの高度な概念が登場します。ここまで到達しないと「免許皆伝」とは言えないので仕方ありません。これらの概念については、完璧に解説しようとすると大学レベルの微分積分が必要になってしまいます。それは、読者の多くに非常に大きな負担を強いることになります。そこで本書ではやむなく、これらの解説は「簡易的」に済ませることにしました。

つまり、四則計算だけで実行できる公式を天下り的に与える方針としました。これも、本書の工夫の1つです。そういう意味で本書は、「自己充足的（self-contained）ではない」です。しかし、そういう「完全理解」を欲する人も、本書を読んでから専門書に挑戦したほうが得策だと思います。本書では、高度な数学を削除しているため、かえって、「ベイズ統計の背景にある本質」が浮き彫りになっているからです。

0-3　ビル・ゲイツも注目！ビジネスに使えるベイズ統計

ベイズ統計は、インターネットの普及とシンクロする形でビジネスに使われるようになりました。インターネットでは、顧客の購買行動や検索行動が自動的に履歴として収集されますが、そこから顧客の「タイプ」を推

定するには、スタンダードな統計学よりもベイズ統計のほうが圧倒的に優れているからです。

　現在、**多くのネット系企業が実際にベイズ統計を利用しています**。中でもマイクロソフトは、早くからベイズ統計をビジネス利用していることで有名です。ウィンドウズのOSのヘルプ機能には、ベイズ統計が導入されています。また、ウェブ上でユーザーが「子供の病気の症状」などを検索したとき、有望な指針を優先して表示するソフトウエアなども開発しました。マイクロソフトの元代表ビル・ゲイツ氏は、1996年に、自社が競争上優位にあるのはベイズ統計によることを新聞で宣言しました。また、2001年の基調講演でも、21世紀のマイクロソフトの戦略はベイズ統計であること、また、すでに世界中からベイズ統計の研究者を多数ヘッドハントしたことを公言したのは有名です。

　一方、グーグルも、自社の検索エンジンの自動翻訳システムにおいて、ベイズ統計の技術を活かしていることが知られています。
　もちろん、ベイズ統計の技術は、IT企業以外でもさまざまな分野で応用されています。例えば、ファクシミリでは送られた画像のノイズを修正して、正しい画像に近づけるのに、ベイズ統計を使っています。また、医療分野でも「自動診断システム」などにベイズ統計が使われています。

　本書を読んでいけばわかることですが、**ベイズ統計の強みは、「データが少なくても推測でき、データが多くなるほど正確になる」という性質**と、**「入ってくる情報に瞬時に反応して、自動的に推測をアップデートする」という学習機能**にあります。これを知れば誰もが、先端のビジネスに最適、と納得することでしょう。
　したがって、**今世紀のビジネスに従事する人は、ベイズ統計を使いこなせるようになると最強**でしょう。本書は、そういうビジネスパーソンの実

用に役立つような例・解説を心がけました。

0-4　ベイズ統計は、人間の心理に依存する

「ベイズ統計には、ある種のうさん臭さがある」ということを 0-2 節に書きました。これはどういうことでしょうか。それは、**ベイズ統計が扱う確率が「主観的」だ**、ということです。つまり、ベイズ統計で導かれる確率は、客観的な数値ではなく、「人間の心理」に依存する主観的な数値だ、ということなのです。そういう意味で、ベイズ統計は「思想的」な面を備えています。このため、客観性を重んじる科学界から、ベイズ統計は「まがいもの」という烙印を押され、いったんは葬り去られることとなったのです。

たいていのベイズ統計の本には、残念ながら、このことが書かれていません。著者たちがこのことを「表沙汰にしたくない」と思っているからなのか、あるいは、彼らに単に知識がないからかわかりませんが、とにかく、**このことを正面から解説している教科書は滅多にありません。**でも、このベイズ統計の「主観性」「思想性」は、ベイズ統計の本質であり利便性の源泉です。だから、このことに目をつぶって解説をするならば、ベイズ統計の本質は絶対に読者に伝わらないでしょう。

そこで本書では、ベイズ統計の「主観性」「思想性」を包み隠さず、むしろ、白日の下にさらして、解説を進めることにしました。とりわけ、スタンダードな統計学とどこがどう違うのか、について丁寧に解説しました。きっと多くの読者が、「ベイズ統計ってスゴイ！　面白い！」と拍手してくれるのではないか、と期待しています。

0-5 穴埋め式の簡単な練習問題があるので独習に最適

　本書でも、前作『完全独習　統計学入門』(ダイヤモンド社)の書き方を踏襲して、言葉を尽くして説明し、各講に簡単な穴埋め式の練習問題をつけました。数学的な技術を習得するには、自力で解ける簡単な練習問題をやってみるのが一番です。収録した練習問題は、応用的なものではなく、講義した内容の確認的なものなので、是非とも利用して理解を深めていただければ、と思います。

　読み終わったあなたは、きっと、こう思うに違いありません。
「あれ、登山のトレーニングなんか一切しなかったのに、いつのまにか山頂に立ってるぞ！」
それでは、山頂を目指して、出発するとしましょう。

目次

第0講 四則計算だけで理解するベイズ統計学 　　　　　　　　003
本書の特長
- 0-1 予備知識ゼロから実用レベルに到達できる
- 0-2 使うのは面積図と算数だけ
- 0-3 ビル・ゲイツも注目！　ビジネスに使えるベイズ統計
- 0-4 ベイズ統計は、人間の心理に依存する
- 0-5 穴埋め式の簡単な練習問題があるので独習に最適

第1部　速習！ベイズ統計学のエッセンスを理解する

第1講 情報を得ると確率が変わる 　　　　　　　　016
「ベイズ推定」の基本的な使い方
第1講のまとめ 030／練習問題 031

第2講 ベイズ推定はときに直感に大きく反する❶ 　　　　　　　　032
客観的なデータを使うときの注意点
第2講のまとめ 042／練習問題 043

第3講 主観的な数字でも推定ができる 　　　　　　　　044
困ったときの「理由不十分の原理」
第3講のまとめ 054／練習問題 055

第4講 「確率の確率」を使って推定の幅を広げる 　　　　　　　　056
第4講のまとめ 069／練習問題 70
column ▶ ベイズはどんな人だったか 071

第5講 推論のプロセスから浮き彫りになる
ベイズ推定の特徴　072
第5講のまとめ 077／練習問題 078

第6講 明快で厳格だが、使いどころが限られる
ネイマン・ピアソン式推定　079
第6講のまとめ 083／練習問題 084

第7講 ベイズ推定は少ない情報で
もっともらしい結論を出す　085
ネイマン・ピアソン式推定との違い
第7講のまとめ 092／練習問題 093

第8講 ベイズ推定は「最尤原理」にもとづいている　094
ベイズ統計学とネイマン・ピアソン統計学の接点
第8講のまとめ 099／練習問題 100

第9講 ベイズ推定はときに直感に大きく反する❷　101
モンティ・ホール問題と3囚人の問題
第9講のまとめ 114／練習問題 115
column▶「ツキ」についての2つの法則 116

第10講 複数の情報を得た場合の推定❶　117
「独立試行の確率の乗法公式」を使う
第10講のまとめ 124／練習問題 125

| 第11講 | 複数の情報を得た場合の推定❷ | 126 |

迷惑メールフィルターの例
第11講のまとめ 136／練習問題 137

| 第12講 | ベイズ推定では情報を順繰りに使うことができる | 138 |

「逐次合理性」
第12講のまとめ 146／練習問題 147

| 第13講 | ベイズ推定は 情報を得るたびに正確になる | 148 |

第13講のまとめ 159／練習問題 159
column▶ベイズを復権させた学者たち 160

第2部 完全独習！「確率論」から「正規分布による推定」まで

| 第14講 | 「確率」は「面積」と同じ性質を持っている | 162 |

確率論の基本
第14講のまとめ 173／練習問題 173

| 第15講 | 情報が得られた下での確率の表し方 | 174 |

「条件付確率」の基本的な性質
第15講のまとめ 186／練習問題 187

第16講 より汎用的な推定をするための「確率分布図」　188
第16講のまとめ 198／練習問題 199

第17講 2つの数字で性格が決まる「ベータ分布」　200
第17講のまとめ 210／練習問題 210

第18講 確率分布図の性格を決める「期待値」　211
第18講のまとめ 225／練習問題 226
column▶主観確率とは、どんな確率か 227

第19講 確率分布図を使った高度な推定❶　228
「ベータ分布」の場合
第19講のまとめ 241／練習問題 242

第20講 コイン投げや天体観測で観察される「正規分布」　243
第20講のまとめ 251／練習問題 252

第21講 確率分布図を使った高度な推定❷　253
「正規分布」の場合
第21講のまとめ 263／練習問題 264
補講▶ベータ分布の積の計算 266

おわりに 268
もっと学びたい人へ 271
練習問題解答 274
索引 285

第1部

速習!
ベイズ統計学の
エッセンスを理解する

第1部では、「ベイズ統計学による推定は、どのような考え方で成り立っていて、どんな性質を持っているのか」について解説します。「来場客は買う人かひやかしか」「チョコレートは本命か義理か」などの身近な例を豊富に使っているので、イメージしやすいはずです。とはいえ、「逐次合理性」などの性質や、「ネイマン・ピアソン統計学」との違いにも触れるので、とても奥深いレベルでベイズ統計学の特徴をつかむことができるでしょう。

第1講

情報を得ると確率が変わる
「ベイズ推定」の基本的な使い方

1-1　ベイズ推定で「買う人」と「ひやかし」を見極める

　この講義では、ベイズ推定の典型的な使い方を紹介します。それには、ビジネスの例を見ていただくのが一番でしょう。

　商品の販売店の店員が最も気を遣うのは、**「このお客さんは買うつもりなのか、それともひやかしなのか」**という点に違いありません。買うつもりで来ているお客さんは、商品にさぐりを入れるより、できるだけ短時間で最も自分の要求にかなう商品を見つけたいと思っています。他方、今は買うつもりはなくて、いずれ買うときの参考のために、店を流しているひやかしのお客さんもいます。店員は、前者のお客さんには、そのお客さんが最も望む商品を的確に紹介して実際に購買してもらうべきです。しかし、ひやかしのお客さんに時間をかけて説明するのは、購買につながらないうえ、お客さん本人にも煩わしく思われてしまうので逆効果でしょう。

　したがって、お客さんの行動からそのお客さんの本心を探るのが、店員にとって重要な技術となります。もちろん、多くの店員は直感的にお客さんの「タイプ」を見抜くことができるのでしょう。それこそが店員のテク

ニックに違いありません。しかし、その「直感的な判断」ということを数値化して、計算可能にすることは有意義なはずです。なぜなら、マニュアル化して新人店員の教育にも使えるし、ネット上で自動的に判断を行うAI（人工知能）のように使うこともできるからです。

以下、このような店員の判断を数値化することを試みましょう。それにはベイズ統計学が適しています。逆に言うと、この例を見ることで、ベイズ統計とは何か、ということが非常に明瞭にわかるのです。節ごとにステップ分けして解説します。

1–2 ステップ❶ 経験から「事前確率」を設定する

目の前にお客さんがいるシチュエーションを考えましょう。あなたが推測したいのは、そのお客さんが「買う人」か「ひやかし」かということです。それが判断できれば、応対の方法を決めることができるでしょう。

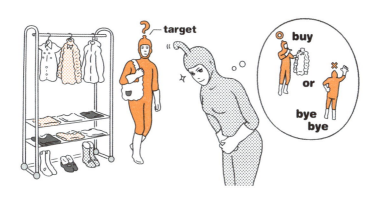

推測のために最初にすべきことは、お客さんの2つの「タイプ」である「買う人」と「ひやかし」に対して、その割合の数値を割り振ることです。つまり、目の前のお客さんは、そのどちらかであることは前提として、前者である確率はいくつで、後者である確率はいくつと、その可能性を数

値で割り振ることなのです。

　この「**タイプについての確率（割合）**」のことをベイズ統計学の用語で「**事前確率**」と言います。「事前」とは、「なんらかの情報が入る前」、ということを意味する言葉です。この場合の「**情報**」とは、例えば、お客さんが「声をかけるという行動を行った」というような、**追加的な状況を意味**します。「声をかけられた」という情報によって、あなたは「お客さんのタイプ」についての「**推測の改訂**」を行うのですが、「事前確率」というのは、「声をかける・かけない」という行動の観測が行われる前のことを意味しているのです。

　「事前確率」は、普通は、経験にもとづいて割り当てます。経験がないケースについても割り当ては可能で、それについては第3講で解説しますが、ここでは経験から数値が得られているものとします。

　あなたは経験によって、お客さんのうちの「買う人」の割合が5人の1人、すなわち全体の20パーセント（0.2）とわかっているとします。当然、「ひやかし」の割合は残りの80パーセント（0.8）となります。これが2つのタイプについての事前確率です。

　このことから、あなたは、目の前のお客さんに対して、その人の行動を観測する前の時点では、「このお客さんは、0.2の確率で買う人、0.8の確率でひやかし」という数値を割り当てます。これを「**タイプについての事前分布**」と呼びます。この事前分布を図示するには、**図表1-1**のようにします。

　大きな長方形を2つの長方形に分割するのですが、面積の割合がそれぞれ、0.2と0.8の割合となるように分割するのがコツです。本書でだんだん明らかになっていきますが、「**面積**」こそベイズ確率を扱う上で大切**な役割を果たす**からです。

　この図示の方法は、本書独自のものです。この図を頭の中に印象付けて

図表1-1 事前分布で長方形を分割する

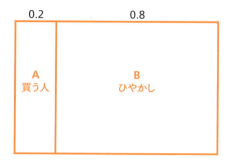

おくことは、ベイズ統計学の手法の脳内イメージを作るのにとても役立ちます。

　この図を「**世界が2通りに分岐している**」と捉えるとよいでしょう。つまり、自分が遭遇している世界は、Aの世界であるかBの世界であるかのいずれかであることは知っているが、そのどちらであるかはわからない。Aの世界の場合は、お客さんは「買う人」で、Bの世界の場合は、お客さんは「ひやかし」である、そういう印象を作っておくわけです。哲学では、このような見方を「**可能世界**」と呼びます。論理的な推論や確率的な推論をする場合、このような可能世界的なものの見方は、考えをまとめやすくしてくれます。

　ここで、面積を0.1と0.4としたり、2と8にしたりしても、比率は1：4であることは同じです。なのに、わざわざ0.2と0.8を使うのは、ある1つのできごとに複数の可能性があり、それを確率の数値で評価する場合、「**確率は全部足すと1になるように設定する**」という数学の取り決めに基づくものです。これを「**正規化条件**」と呼びます。

1-3 ステップ❷ タイプごとに「声かけ」行動する「条件付確率」を設定する

次のステップとして、タイプ「買う人」に属するお客さんと、タイプ「ひやかし」に属するお客さんが、それぞれどのくらいの確率で店員に「声かけ」行動をするか、を設定します。これも、経験に依拠したデータがないと設定のしようがありません。前節では、事前確率については「経験がなくとも割り当てられる」と言いました。しかし、この「タイプの違いに依拠した行動の確率」は、なんらかの経験、実証、実験に基づいた数値がないといけません。

以下で使う数値は、計算が簡単になるように設定されたフィクションであることをお断りしておきます。ここでは、仮に、**図表1-2**のように設定しておきます。

図表1-2　行動についての条件付確率

タイプ	声かけの確率	声かけしない確率	
買う人	0.9	0.1	→ 1
ひやかし	0.3	0.7	→ 1
	↓	↓	
	1.2	0.8	

この表が意味するのは、「目の前のお客さんがタイプ『買う客』であれば、その人は0.9の確率で店員に声をかける」、「目の前のお客さんがタイプ『ひやかし』であれば、その人は0.3の確率で店員に声をかける」、そういうことです。

ここで1つ注意をしておきたいことがあります。表を横向きにみると、正規化条件が満たされています。実際、0.9 + 0.1 = 1 と 0.3 + 0.7 = 1 となっています。一方、縦向きにみると、正規化条件は成り立っていませ

ん。すなわち、確率 0.9 と 0.3 を加えても、1 ではありません。これは当然のことで、表を横向きにみるときは、特定のタイプの客に対して、起こりうる 2 つの帰結を表しています。上の段は、タイプ「買う人」に属する人が「声をかける・かけない」というどちらか一方に決まる確率的な行動を表しています。しかし、縦にみるとそうなっていません。0.9 はタイプ「買う人」の「声かけ」行動の確率で、0.3 はタイプ「ひやかし」の「声かけ」行動の確率です。つまり、別タイプの人の行動を表し、行動全体をカバーする確率的できごとではありませんから、足して 1 になる必然性はありません。

　この表に示されている確率は、高校数学で教わる「**条件付確率**」です。わかりやすく言うと、「**タイプを限定した場合の、各行動の確率**」ということになります。タイプを行動の「原因」と捉えるならば、「**原因がわかっているときの、結果の確率**」ということができます。(条件付確率を記号でどう表現するかは、第 15 講で解説します)。

　さて、2 つのタイプのお客さんは、「声かけ」「声かけしない」の 2 つの行動を確率的にとるわけですから、前節で 2 つに分岐した世界は、さらにそれぞれ 2 つずつに分かれます。つまり、「買う人で声かけ」「ひやかしで声かけ」「買う人で声かけしない」「ひやかしで声かけしない」の 4 つの世界に分岐するわけです。このことを図示してみます。(**図表 1-3**)

図表1-3　4つに分岐する世界

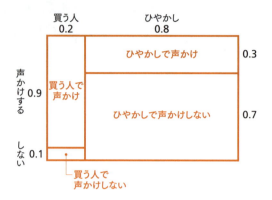

　可能な4つの世界は、お客さんが「買う人」で「声かけ」という世界（左上の区域）、「買う人」で「声かけしない」という世界（左下の区域）、「ひやかし」で「声かけ」という世界（右上の区域）、「ひやかし」で「声かけしない」という世界（右下の区域）、です。確率の計算についての詳しい解説は第10講で行いますので、ここでは天下り的に与えますが、**各区域の示すできごとの確率は各長方形の面積と同じ**になります。面積はかけ算で求まるので、**図表1-4**のようになります。

図表1-4　4つに分岐した世界それぞれの確率

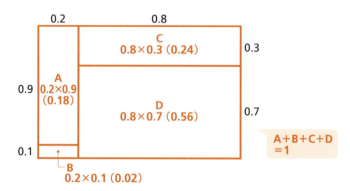

ちなみに、この4つの世界（すべての可能世界）の確率を加えると1になっていることを確認しておきましょう。実際、

$0.2 \times 0.9 = 0.18, \quad 0.2 \times 0.1 = 0.02,$
$0.8 \times 0.3 = 0.24, \quad 0.8 \times 0.7 = 0.56$
$(0.18 + 0.02) + (0.24 + 0.56) = 0.2 + 0.8 = 1$

となっています。

1–4 ステップ❸ 観測した行動から、「ありえないほうの世界」を消去する

さて、推定をもう一歩、進めましょう。

あなたは今、「お客さんに声をかけられた」という現実に直面しています。つまり、あなたは、**お客さんの行動を1つ観測した**ことになるわけです。これはあなたに、ありうる世界について、**追加的な情報を与えてくれます。**

それは、「『声かけしない』という世界が消え失せた」という情報です。前節で説明したように、タイプが「買う人」「ひやかし」の2通りで、行動が「声かけ」「声かけしない」の2通りある場合は、可能世界は4通りに分岐します。しかし、あなたの現実の世界では、「声かけ」が観測されたわけですから、「声かけしない」という世界は消えたことになるわけです。これは、可能世界が限定されたことを意味します。これを図形に反映させましょう。（**図表1-5**）

可能な世界が2つになったことで、新たな推測の数値を得ることになります。

可能性の一部が消えて、可能性の一部に現実が限定された場合、何が起きるのでしょうか。それは推測の中において「確率が変化する」ということです。このことについて、簡単な例で説明しましょう。

図表1-5　情報によって可能性が限定される

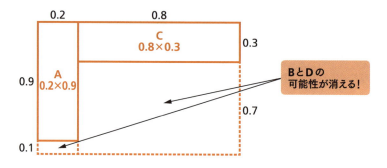

　今、あなたの目の前で、誰かが52枚のトランプをよく切って、裏向けに伏せて、「一番上のカードのマークはなんだと思いますか」と尋ねたとしましょう。あなたが、「スペードだと思います」と答えたとき、この推定が正しい確率はいくつでしょうか？　もちろん、$\frac{1}{4}$でしょう。4つのマークについて、どれも対等にありえるからです。

　しかし、ここで、相手があなたに見えないように一番上のカードをのぞき見たうえで、「実は一番上のカードは黒いマークです」と教えてくれたらどうなるでしょう。あなたの推測から、カードが赤いマークである可能性が消滅したわけですから、当然、あなたの推測も変化するでしょう。すなわち、スペードかクラブしか可能性がなくなったわけですから、あなたの「スペードだと思います」という推測が当たる確率は$\frac{1}{2}$となるはずです。

　このことを図示すれば、**図表1-6**のようになります。

　最初は、4つのマークの確率を加えると1です。しかし、赤のマークという可能性が消失したことで、スペードの確率とクラブの確率の和が1とならなくなってしまいました。そのために、**比例関係を保ったまま**、正規化条件を回復させる（足すと1になるようにする）ことで、スペードの確率が$\frac{1}{2}$と変化するわけです。

図表1-6 可能性の消失による確率の変化

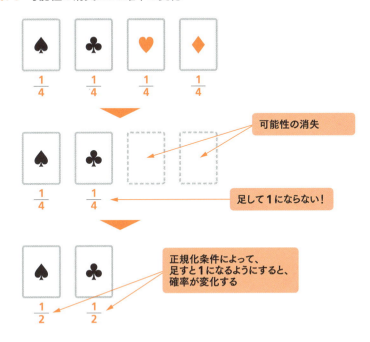

1-5 ステップ❹ 「買う人」である「ベイズ逆確率」を求める

前節では、「声かけ」の行動を観測したために、可能世界は2つに限定されることになりました。すなわち、目の前のお客さんについて世界は、「買う人＆声かけ」世界か、「ひやかし＆声かけ」世界かのいずれか、ということです。そして、その可能性を示す数値（確率）は、**図表1-7** 中に与えられています。

図表1-7「声かけしない」世界の消滅

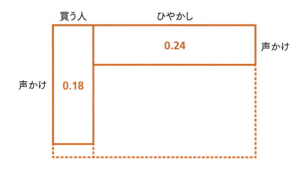

　行動の観測によって、可能性が2通りに絞られたため、それぞれに確率（長方形の面積）を加えても1にはなっていません。したがって、前節のトランプの例で説明したように、比例関係を保ったまま、正規化条件を回復させて、確率を変化させることにしましょう。具体的には、次のようにします。

　　（左の長方形の面積）：（右の長方形の面積）＝0.18：0.24＝3：4

と比を簡略化してから、合計3＋4＝7でわり算すれば、「足して1」の数値となります。すなわち、

　　（左の長方形の面積）：（右の長方形の面積）＝3：4＝$\frac{3}{7}$：$\frac{4}{7}$

図示すれば、**図表 1-8** のようになります。

図表1-8 正規化条件を回復させ、事後確率を求める

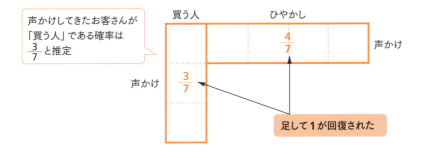

この表から、声かけしてきたお客さんが「買う人」である確率は、$\frac{3}{7}$ であると推定できることになります。この確率を、「**ベイズ逆確率**」とか「**事後確率**」と呼びます。

ここで、「逆確率」という言葉の「逆」の意味を簡単に説明しておきましょう。（もっと詳しい説明は、あとの講義の中で徐々にしていきます）。

「逆」という言葉の意味は、世界が分岐したことを表す図についてこれまでとは逆の見方をする、ということです。前節までは、お客さんのタイプが2つあって、それぞれのタイプが「声かけ」「声かけしない」の2つの行動を確率的に選ぶ、というふうに解釈してきました。つまり、図を縦方向に見ていたわけです。これは、タイプという「原因」から行動という「結果」が生じることを捉えています。しかし、ここでは、図を横方向に見ています。すなわち、**「声かけ」をした人が「買う人」と「ひやかし」という2つのタイプから1つのタイプを確率的に選んでいる**、と解釈しているわけです。これは、「声かけ」という行動の「結果」から、タイプという「原因」に遡っています。この「結果→原因」、それが「逆確率」の「逆」の意味なのです。

1-6　ベイズ推定のプロセスまとめ

　これまでに説明した事後確率の求め方を図式でまとめると**図表1-9**のようになります。

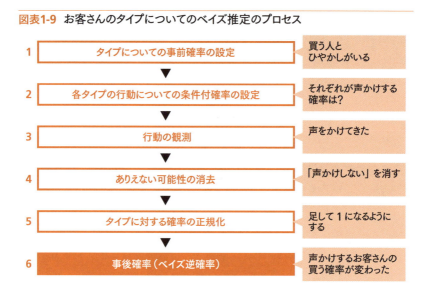

図表1-9　お客さんのタイプについてのベイズ推定のプロセス

　では、事後確率を求めたことで、いったい何がわかったのでしょうか。それは、今の図の最初と真ん中と最後だけを抜き出して、数値を書き入れれば明らかになります。（**図表 1-10**）

図表1-10 お客さんのタイプについてのベイズ更新

この図式を見ればわかる通り、目の前にいるお客さんがタイプ「買う人」の確率は、何も観測しないうちは、0.2（事前確率）ですが、「声かけ」を観察したあとには、その情報を下にして数値が更新され、約0.43（事後確率）となります。つまり、「買う人」だと完全に確信できるわけではないですが、**その可能性は2倍に高まる**ことが示されているわけです。これを「**ベイズ更新**」と呼びます。「更新」はよく使う言葉で言うと、「アップデート（update）」です。

以上のプロセスを本書では、「ベイズ推定」と呼ぶことにします。ベイズ推定とは、「**事前確率を行動の観察（情報）によって事後確率へとベイズ更新すること**」とまとめることができます。本書では、個々の例での推定は「ベイズ推定」と呼び、それら推定方法全体をひとくくりにしたものを「ベイズ統計学」と呼びます。

第1講の まとめ

❶ タイプ「買う人」、タイプ「ひやかし」の確率を設定する（事前確率）。

❷ タイプ「買う人」が行動「声かけ」、「声かけしない」をいくつの確率でとるか、タイプ「ひやかし」が行動「声かけ」、「声かけしない」をいくつの確率でとるか、を設定する（条件付確率）。これには、経験やデータが必要。

❸ タイプ「声かけ」が観測されたため、「声かけしない」の世界を消去する。

❹ 「買う人＆声かけ」の確率と「ひやかし＆声かけ」の確率の組を、正規化条件を満たすようにする。つまり、比例関係を保って、足して1になるようにする。

❺ 正規化条件が復旧したタイプ「買う人」の確率が、「声かけ」の行動を観察した下でのタイプ「買う人」の事後確率となる。

❻ 事前確率が、行動を観察することによって、事後確率に更新される。これをベイズ更新と呼ぶ。

> **練習問題**

最初なので、全く同じ設定で、数値だけを変えて練習しよう。

事前確率の設定
お客さんのうちのタイプ「買う人」の割合が全体の 40 パーセント（0.4）、タイプ「ひやかし」の割合は全体の 60 パーセント（0.6）である。

情報に関する条件付確率の設定
各タイプの「声かけ」「声かけしない」の条件付確率は次の表で与えられる。

タイプ	声かけの確率	声かけしない確率
買う人	0.8	0.2
ひやかし	0.1	0.9

「声かけ」が観測されたときのタイプ「買う人」の事後確率を次の手順で求めよ。

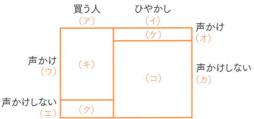

タイプについての事前確率から、（ア）＝（　　　　），（イ）＝（　　　　）となる。
情報に対する条件付確率から、（ウ）＝（　　　　），（エ）＝（　　　　）
　　　　　　　　　　　　　　（オ）＝（　　　　），（カ）＝（　　　　）
分岐した 4 つの世界の確率は、（キ）＝（　　　　）×（　　　　）＝（　　　　）
　　　　　　　　　　　　　　（ク）＝（　　　　）×（　　　　）＝（　　　　）
　　　　　　　　　　　　　　（ケ）＝（　　　　）×（　　　　）＝（　　　　）
　　　　　　　　　　　　　　（コ）＝（　　　　）×（　　　　）＝（　　　　）

「声かけ」が観測された 2 つの世界で正規化条件を復旧すると、
（キ）:（ケ）＝（　　　）:（　　　）＝（　　　）:（　　　）
　　　　　　　　　　　　　　　　　　　　　　　足して 1 になる

「声かけ」が観測された下での「買う人」の事後確率＝（　　　　）

第2講 ベイズ推定はときに直感に大きく反する❶
客観的なデータを使うときの注意点

2-1 ガンに罹患している確率を計算する

　この講では、客観的なデータが手に入りやすいケースについてのベイズ推定について説明します。**学ぶべきポイントは、客観的なデータで考えているがために、逆に誤解にはまりやすい**ことを理解する、ということです。ここに確率の不思議があります。

　例として、医療検診を扱ってみます。
　現代は、医療が発達し、多くの病気について統計データが得られています。また、病気を自覚症状が出る前に発見する技術も進んでいます。問題なのは、検査によって得られた「Xという病気である／ない」という結果の正しさをどう判断したらよいか、ということです。
　例えば、「特定のガンに罹患していたら、95パーセントの確率で陽性となる検査」をあなたが受けて、陽性という結果になったとしましょう。このとき、あなたは自分がそのガンに罹っている確率は95パーセントだと判断すべきなのでしょうか。

答えは「いいえ」です。

もしも、本当に「自分がガンである確率は95パーセント」ならば、あなたはこの結果に相当悲観することでしょう。実際に、そう勘違いしているかたもたくさんおられるかもしれません。しかし、実際は、「陽性」という結果から「あなたがガンである確率」を推定すると、そんなに高い数値ではないのです。

この推定は、陽性という「結果」から「ガンである」という「原因」にさかのぼる推定なので、ベイズ推定の典型的な例となります。

この講では、最初に問題設定をしてしまうことにしましょう。以下は、計算を簡単にするための架空の数値設定であって、現実のデータではありません。

> 問題設定
>
> ある特定のガンの罹患率を0.1パーセント（0.001）とします。このガンに罹患しているかどうかを検査する簡易的な方法があって、このガンに罹患している人は95パーセント（0.95）の確率で陽性と診断される。他方、健康な人が陽性と誤診される確率は2パーセント（0.02）である。さて、この検査で陽性と診断されたとき、あなたがこのガンに罹患している確率はいくつだろうか？

2-2 医療データから「事前確率」を設定する

推定の手順は、第1講で行ったものと全く同じですが、例が異なるので異なる印象を与えると思いますから、第1講同様に丁寧に手順を解説しましょう。

この例の特殊性は、事前確率が客観的な疫学データとして得られていることです。**事前確率**とは、第1講で説明したように、「**各タイプについての、**

情報を得る前の存在確率」です。この場合は、タイプは2通りで、1つは「ガンに罹患している人」、もう1つは「健康な人」です。

問題設定にあるように、このガンの罹患率は0.001ですから、1000人に1人の人がこのガンに罹っていることが疫学的に知られていることになります。したがって、あなた自身がこのガンに罹っているかどうかを検査前に推定するなら、次の**図表2-1**のようになるでしょう。

図表2-1 ガン罹患率による事前分布

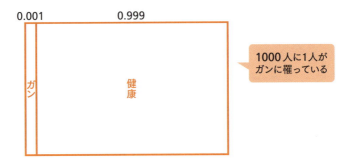

この図の解釈について、もう一度説明し直しましょう。

この図は、簡易検査を受診する前の、あなたがガンかどうかの可能性を表しています。あなたがいる世界は2つの可能世界に分岐していて、左側の世界は、「あなたがガンに罹っている」という可能世界、右側が「あなたは健康である」という可能世界を表しています。あなたは、2つのうちのどちらかの可能世界に属しているのですが、体内のことなので、どちらであるかはわからず、推測の対象でしかありません。つまり、**世界が2通りに分岐している**というわけです。

ただし、どちらの可能世界にあなたがいるかを推測する手立てが全くないか、というとそんなことはありません。今、疫学データとして、このガンの罹患率が0.001、つまり、1000人に1人が罹患している、という統

計があるわけですから、あなたが罹っているかどうかの参考になるでしょう。素朴に利用するなら、あなたがこのガンに罹っている確率は、この罹患率 0.001 だと推定できます。つまり、**あなたは 2 つの可能世界のどちらかに属しますが、何も個人的な情報がない現在においては、左側の世界に属している確率は 0.001、右側の世界に属している確率は 0.999 と推測される**、ということです。

2-3 検査の精度を手がかりに「条件付確率」を設定する

次のステップは、タイプ別に特定の情報をもたらす**条件付確率を設定する**ことです。**今回の場合の「情報」は、検査結果としての「陽性」「陰性」ということ**になります。このプロセスには、客観的なデータが必要であることは第 1 講で説明した通りです。今回の例では、簡易検査についての客観的な治験データが利用できるようになっています。(**図表 2-2**)

図表2-2 検査の精度の条件付確率

タイプ	陽性の確率	陰性の確率
ガンの罹患者	0.95	0.05
健康者	0.02	0.98

この表は横向きに読んでください。上段の「ガンの罹患者」の場合、検査で陽性と出る確率は 0.95 です。つまり、95 パーセントの正確さ(感度)を持ってガンを検出します。当然、誤診する確率は 1 − 0.95 = 0.05 になります。これは、100 人が検査すればそのうち 5 人が、ガンであるにもかかわらず、陰性と診断されることを表しています。

下段の「健康者」の場合は、間違って陽性が出る確率は 2 パーセントとなっています。したがって、正しく陰性と診断される確率は 1 − 0.02 = 0.98 となります。

この表から受け取るべきことは、簡易検査は完璧なものではなく、誤診のリスクがある、ということです。この場合のリスクとは「ガンなのに、ガンでないと診断される」場合と、「ガンでないのに、ガンと診断される」場合とがあります。
　この確率は、前講で述べた通り、タイプを限定した場合の、各検査結果の条件付確率です。タイプを検査結果の「原因」と捉えるならば、「原因（ガンか健康か）がわかっているときの、結果（陽性か陰性か）の確率」ということができます。

　前節で2つに分岐した世界は、情報に関して、さらにそれぞれ2つずつに分かれます。図示してみましょう。
　図表2-3のように、あなた（の体の中の事実）について、可能世界は4つに分岐します。「ガン」で「陽性」という世界（左上の区域）、「ガン」で「陰性」という世界（左下の区域）、「健康」で「陽性」という世界（右上の区域）、「健康」で「陰性」という世界（右下の区域）、の4つです。

図表2-3　4つに分岐する世界

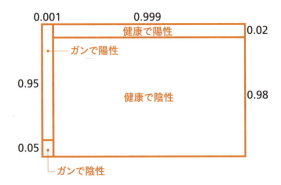

　そして、各区域の示すできごとの確率は、かけ算によって、**図表2-4**のようになります。

図表2-4 4つに分岐した世界それぞれの確率

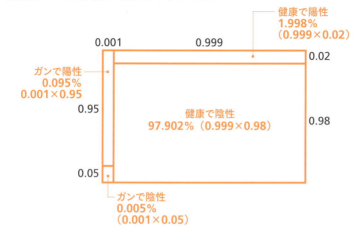

ただし、図では、読みやすさを優先するために、100倍してパーセント表示してあります。実際の確率は表の数値を100で割ったものです。

2-4 検査結果が陽性になったので、「ありえないほうの世界」を消去する

あなたはいま、検査によって陽性になった、という現実に直面しています。つまり、あなたは、**あなたの体の中で起きていることに関する情報を1つ観測した**ことになるわけです。これはあなたに、あなたが属している世界について、追加的な情報を与えてくれます。

あなたの現実の世界では、「陽性」という診断が観測されたわけですから、「陰性」という世界は消え去ります。これを図形に反映させましょう（**図表2-5**）。

図表2-5 情報によって可能性が限定される

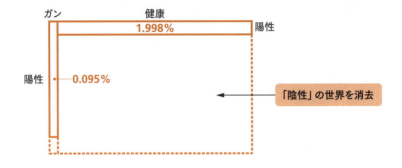

2-5 あなたがガンであるという「ベイズ逆確率」を求める

前節では、「陽性」という診断を観測したために、可能世界は２つに限定されることになりました。すなわち、あなたについての世界は、「ガン＆陽性」の世界か、「健康＆陽性」の世界かのいずれか、ということです。

検査結果の観測によって、可能性が４つから２つに絞られたため、確率（長方形の面積）を加えても１にはなっていません。したがって、**正規化条件を復旧するため、比例関係を保ったまま「足して１になる」ようにします**。具体的には、**図表2-6**のようにします。

（左の長方形の面積）：（右の長方形の面積）＝0.095：1.998

において、0.095 ＋ 1.998 ＝ 2.093 なので、比の両側をこの数値で割れば、正規化条件を満たす（足して１）が達成されます。

図表2-6 正規化によって、事後確率を求める

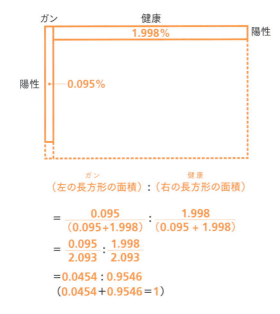

$$(左の長方形の面積):(右の長方形の面積)$$
$$= \frac{0.095}{(0.095+1.998)} : \frac{1.998}{(0.095+1.998)}$$
$$= \frac{0.095}{2.093} : \frac{1.998}{2.093}$$
$$= 0.0454 : 0.9546$$
$$(0.0454 + 0.9546 = 1)$$

図のように、長方形の面積を正規化すると、0.0454 と 0.9546（四捨五入によって小数点以下第4位まで求めた）になります。足して1になっていることをご確認ください。

この結果から、**あなたが陽性という検査結果を得た下で、あなたが当該のガンに罹患している事後確率は4.5パーセント程度**ということになります。これが事後確率（ベイズ事後確率）となるのです。

2-6　ベイズ推定のプロセスまとめ

本講のガン検査のベイズ逆確率の求め方を図式でまとめると次のようになります（**図表2-7**）。

図表2-7 ガンの罹患率のベイズ推定のプロセス

　では、ガン罹患の事後確率を求めたことで、いったい何がわかったのでしょうか。この解釈が、本講で最も重要なものです。

　まず、最初の問い「95パーセントの感度のあるガン検査で陽性が出たら、あなたは95パーセントの確率でガンなのか？」については、**否定的な答えが得られた**ことに注意してください。95パーセントどころか、たったの4.5パーセントです。そういう意味では、ひどく悲観することはありません。
　なぜ、依然としてこんなに低い確率かというと、**もともとガンの罹患者が非常に稀で、健康な人が圧倒的に多いので、健康な人を陽性と誤診してしまうケースが無視できないほどに大きい数値**なのです。したがって、陽性が出たといっても、健康なのに誤診された可能性のほうが圧倒的に高いわけです。過度な悲観は禁物です。
　それでは、全く安心していてもよいのか、というと、またそれも違います。それは、事前確率と事後確率の**図表2-8**を見ればはっきりします。

図表2-8 ガン検査についてのベイズ更新

　この図式を見ればわかる通り、あなたが当該のガンに罹患している確率は、何も観測しないうちは、0.001（事前確率）ですが、「陽性」を観測したあとには、その情報をもとにして数値が更新され、約0.045（事後確率）となります。つまり、0.1パーセントの確率から、4.5パーセントの確率にはねあがります。これは45倍の変化です。

　検査結果を見る前は、自然発生率として、おおよそ1000人に1人程度の可能性と判断していましたが、検査で陽性と出たいまは、おおよそ20人に1人の可能性と高まりました。これは、決して放置しておいてよい状態とはいえないでしょう。

　以上のような、事後確率についてのきちんとした理解ができるようになるには、日頃の訓練が必要です。本書を読んで、その訓練を積んでください。

第2講のまとめ

❶ タイプ「ガン」、「健康」の事前確率を設定する（疫学データを利用する）。

❷ ガン検査の感度を設定する。つまり、ガンの人の陽性・陰性の条件付確率と、健康な人の陽性・陰性の条件付確率を設定する（治験データの活用）。

❸「陽性」が観測されたため、「陰性」の世界を消去する。

❹「ガン＆陽性」の確率と「健康＆陽性」の確率の数値について、正規化条件を復旧させる（比例関係を保って、足して1になるようにする）。

❺ 正規化条件が復旧した「ガン＆陽性」の数値が、検査で陽性が出た人が実際にガンである事後確率（ベイズ逆確率）となる。

❻ 事前確率が検査結果を観測することによって、事後確率に更新される（ベイズ更新）。

練習問題

いま、インフルエンザ流行期に高熱で病院に来た患者のうち、0.7 の割合がインフルエンザで、0.3 の割合が風邪であるとする。インフルエンザ簡易キットで検査した場合の陽性・陰性の率は次の表になっているとしよう。

タイプ	陽性の確率	陰性の確率
インフルエンザ	0.8	0.2
インフルエンザでない	0.1	0.9

このとき、インフルエンザ簡易キットで陽性と出た場合にインフルエンザである確率、陰性と出た場合にインフルエンザでない確率を、次のステップで求めよ。

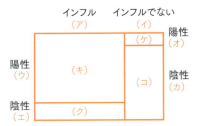

タイプについての事前確率から、(ア) = (　　　)、(イ) = (　　　) となる。
情報に対する条件付確率から、(ウ) = (　　　)、(エ) = (　　　)
　　　　　　　　　　　　　　(オ) = (　　　)、(カ) = (　　　)
分岐した 4 つの世界の確率は、(キ) = (　　) × (　　) = (　　)
　　　　　　　　　　　　　　(ク) = (　　) × (　　) = (　　)
　　　　　　　　　　　　　　(ケ) = (　　) × (　　) = (　　)
　　　　　　　　　　　　　　(コ) = (　　) × (　　) = (　　)

「陽性」が観測された 2 つの世界の確率を正規化すると、
　(キ):(ケ) = (　　):(　　) = (　　):(　　)　　足して 1 になる

「陽性」が観測された下での「インフルエンザ」の事後確率 = (　　　)

「陰性」が観測された 2 つの世界の確率を正規化すると、
　(ク):(コ) = (　　):(　　) = (　　):(　　)　　足して 1 になる

「陰性」が観測された下での「インフルエンザでない」の事後確率 = (　　　)

第3講

主観的な数字でも推定ができる
困ったときの「理由不十分の原理」

3-1　チョコをくれた彼女の気持ちを推定する

　これまでの講で解説したように、ベイズ推定の手続きは、

（事前確率）→（条件付確率）→（観測による情報の入手）→（事後確率）

となっています。第1講と第2講では、最初の事前確率の設定は、客観的なデータを参考にしました。しかし、**事前の客観的なデータがなくとも推定が可能**であることに、ベイズ推定の面目躍如たるところがあるのです。つまり、**事前確率を主観的に設定して推定を実行することができる**、ということです。さらに言うなら、この方法を見ることで、「ベイズ推定の思想」が明らかになり、「すごさ」「不思議さ」も、そして「怪しさ」「うさん臭さ」も、すべての面が理解できるようになるのです。

　ここでは、次のような問題設定をしてみましょう。

> 問題設定
> あなたが男性であると仮定し、特定の同僚女性さんが自分に好意を持っているかどうか気になっているとする。そんな中、あなたはバレンタインデーに彼女からチョコレートをもらった。さて、あなたは、彼女が自分を本命と考えている確率をいくつと推定すべきか。

　この問題設定を読んで、雲をつかむような話だと思ったことでしょう。こんな問題を数学的に解くことなど可能なのか、と疑問を持つことでしょう。

　最も大きなポイントは、「彼女があなたをどの程度、本命と思っているか」という、**人の心の中を数値化しなければならない**、ということです。ここには、全く客観性がありません。第1講の「お客さんが買う人かどうか」とか、第2講の「あなたはガンに罹患しているか」には、一定程度の統計的な判断が使えました。しかし、今回は特定の1人の同僚女性の心の中の問題であって、「一般の多数の女性があなたを本命と思うか思わないか」といった統計的な問題でありません（そんな問題自体、ばかげています）。

また、ここで問われている「本命と考えている確率」における**「確率」のの意味**も、よくよく考えるとわからなくなってきます。例えば、「サイコロを投げて1の目が出る確率は6分の1」という場合、「このサイコロを6回投げれば、そのうちの1回が表になる」、あるいはもう少し慎重に、「サイコロをたくさん投げれば、そのうち6分の1程度の割合は1の目になる」という解釈ができます。しかし、「彼女があなたを本命と考えている確率」と言われると、そういう解釈は通用しません。「仮にその同僚女性がたくさんいたら、そのうちの何割があなたを本命と思うか」という荒唐無稽な解釈になってしまうからです。

　このように、今回の問題設定は、通常の統計・確率の常識から、かなり逸脱した内容になっているのです。しかし、ベイズ推定はこのような問題にもアプローチできます。逆に言えば、これこそ、ベイズ推定の本領発揮・強みだと言ってもよいです。本講では、この問題を扱うことで、ベイズ推定の主観的側面について理解してもらいましょう。

　以下、筆者が成人向け娯楽雑誌の依頼で書いたベイズ推定の記事をもとに解説していきます。

3–2　主観で、あなたが本命かどうかの「事前確率」を設定する

　この例の特殊性は、前節で説明した通り、事前確率が客観的な統計データとして得られない、ということです。**事前確率**とは、第1講で説明したように、**「各タイプについての事前のありうる比率」**です。この場合は、タイプは2通りで、1つは「あなたを本命と思っている」、もう1つは「あなたを論外と思っている」です。以下、「本命」「論外」と略記します。

　この例では、たくさんの人の統計的な現象を扱っているわけではなく、ある特定の同僚女性の気持ちについて推測しています。したがって、事前

確率のために利用可能なデータはないのです。

このような場合は、「**理由不十分の原理**」という方法を採用するのが常道です。これは、彼女があなたを「本命」と考えているという根拠もなく、また、「論外」と考えている根拠もないのだから、**とりあえず対等だと考える**、という原理です。つまり、事前確率を0.5と0.5と設定するのです（**図表3-1**）。

図表3-1　理由不十分の原理による事前分布

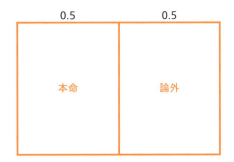

この図は、バレンタインのチョコについての彼女の行動を観測する前の、あなたが彼女にとっての「本命」なのか「論外」なのかの可能性を表しています。あなたがいる世界は2つに分岐していて、左側が「本命」という可能世界、右側が「論外」という可能世界を表しています。

あなたは、2つのうちのどちらかの世界に属しているのですが、なにせ彼女の心の中にある結論なので、どちらかは断定できず、推測の対象でしかありません。統計的なアプローチは不可能であり、どちらが優勢と考える根拠もないので、当座の数値として、対等に0.5ずつを割り当てているわけです。もちろん、ここで、ほかの数値を割り当てることも可能です。それについては、本講の最後に触れることにしましょう。

3–3　なんとかデータを入手して、「条件付確率」を設定する

　次のステップは、観測できる行動について、タイプ別に条件付確率を設定することです。この条件付確率については、ある程度の客観的な確率を設定する必要があります。つまり、どこかから統計的なデータを探してこなければなりません。

　筆者が娯楽雑誌でこの問題設定についての記事を書いたときは、編集者さんにお願いして、働く女性たちのバレンタインの行動について、アンケート調査を行ってもらいました。知りたかったのは、「彼女たちが、本命の男性にはどの程度の確率でチョコをあげ、論外の男性にはどの程度の確率でチョコをあげるか」です。編集者は、インターネットのアンケート用掲示板で、働く女性を対象に、「0パーセント、50パーセント、100パーセント」で場合分けをした設問で、簡易的な調査をして報告してくれました。

　それを統計的に処理した結果、彼女たちは平均的に見て、本命には42.5パーセントの確率で、論外には22パーセントの確率でチョコをあげる、ということが判明しました。本命にあげるのが50パーセント以下の確率というのも意外ですが、論外にも22パーセントの確率であげる、というのも「義理チョコ」慣習のすごさを実感した次第です。しかし、相対的に見ると、本命には論外の2倍の確率となっていて、「まあ、そんなものかな」という感想を持ちました。

　以下、**図表3-2**のように、条件付確率を割り当てます。計算の簡単化のため、端数を切り捨てて採用しています。
　この確率は、第1講・第2講と同様、「**タイプを特定した場合の、各行動の確率**」です。要するに、「**原因（本命・論外）がわかっているときの、結果（あげる・あげない）の確率**」ということができます。
　前節で2つに分岐した世界が、さらにそれぞれ2つずつに分かれ、4

図表3-2 働く女性がチョコをあげる条件付確率

タイプ	チョコをあげる確率	チョコをあげない確率
本命	0.4	0.6
論外	0.2	0.8

つの可能世界になります。図示してみましょう。さらには、各区域の示すできごとの確率は、その面積ですから、かけ算によって、**図表3-3**のようになります。

図表3-3 4つに分岐した世界それぞれの確率

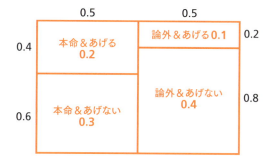

3-4 チョコをもらったので、「ありえないほうの世界」を消去する

さて、あなたは今、幸運にも、お目当ての同僚女性からチョコをもらえた、という現実に直面しています。これはあなたに、彼女の気持ちについての追加的な情報を与えてくれます。

あなたの現実の世界では、彼女があなたに「チョコをあげる」という行動が観測されたわけですから、**「あげない」という世界は消え去ります**。これを図形に反映させましょう（**図表3-4**）。

図表3-4 情報によって可能性が限定される

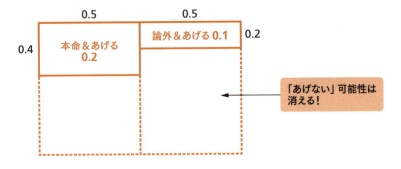

　同僚女性の行動を観測したことによって、可能世界が4つから2つに絞られたので、比例関係を保ったまま「足して1になる」ように数値を変え、正規化条件を回復させます。

　　（左の長方形の面積）：（右の長方形の面積）＝0.2：0.1＝2：1

ですから、比の両側を2＋1＝3で割ることによって、

　　（左の長方形の面積）：（右の長方形の面積）＝2：1＝$\frac{2}{3}$：$\frac{1}{3}$

が得られます。

図表3-5 正規化条件によって、事後確率を求める

この結果から、あなたが彼女からチョコをもらえた下で、あなたが彼女の「本命」である事後確率は、$\frac{2}{3}$＝約66パーセントとなりました。

3-5　ベイズ推定のプロセスまとめ

本講のベイズ推定の方法を図式でまとめると次のようになります（**図表3-6**）。

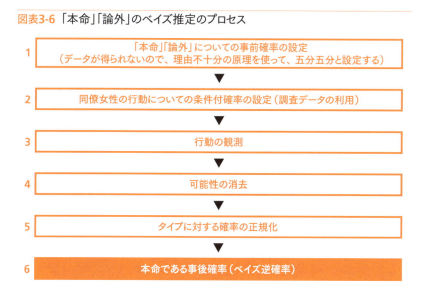

図表3-6　「本命」「論外」のベイズ推定のプロセス

本命の事後確率を求めたことで、いったい何がわかったのでしょうか。それは、事前確率と事後確率の図表から得られます（**図表3-7**）。

図表3-7 彼女の気持ちについてのベイズ更新

　この図式からわかることは、チョコをもらう前は五分五分だと思っていた「あなたが彼女の本命である確率」が、チョコをもらったことで約66パーセントに上昇したことです。チョコをもらったのだから、あなたの期待感が以前より高まるのは当然ですが、それが数値として出ているのがベイズ推定の便利な点なのです。ただし、そうは言っても、66パーセントにすぎないですから、過剰な期待は禁物でしょう。

　さて、ここまで読んできて、「いくら理由不十分だからといって、五分五分という事前確率の設定は自信過剰すぎるのではないか」と感じた読者もいるかもしれません。その場合は、控えめに（謙虚に）、本命0.4、論外0.6などと設定すればよいでしょう。このように事前確率を自由に設定できるところにも、ベイズ推定の柔軟さがあります。（本命0.4、論外0.6と事前確率を設定する推定については、練習問題でやっていただきます）。

3-6 「信念の度合い」にもベイズ推定は使える

　本講の最後として、確率というものの解釈について簡単に述べておきましょう。
　確率は中学校や高校で習いますが、そのときは客観的なものとして提示されます。つまり、「ある事象の確率がいくつ」と言えば、それは誰に対

しても同じ数値であるような客観的なものとされます。「サイコロを投げて1の目の出る確率は6分の1」という場合、それは、「このサイコロを投げるときの1の目が出る可能性の度合い」を示しており、それはすべての人に共通のものとされるわけです。

しかし、本講で扱ったような確率には、そのような客観性はなじみません。「同僚女性があなたを本命と思っている確率」という場合の「確率」には、従来のサイコロの確率のような解釈は不可能です。サイコロは何度も投げることが想定できますが、この女性は世の中に1人しかいないし、彼女があなたについて、本命か論外か決めるのは、これから起きる確率的な出来事ではなく、もうすでに結論は出ているが、単にあなたがそれを知らないにすぎない出来事だからです。

したがって、「同僚女性があなたを本命と思っている確率」でいうところの「確率」は、**あなたが心に描く「信念の度合い」のようなものと解釈すべき**です。つまり、「確率はいくつ」というのではなく、むしろ、「確率はいくつであると、あなたは思っている」というような意味合いと理解すべきなのです。

このように「人が心に思い描く数値」と解釈する確率のことを「**主観確率**」と呼びます。主観確率は、学校教育では教わらないため、多くの人は眉唾に思うでしょうが、統計学や経済学では市民権を持った概念であることを指摘しておきます（227頁のコラムも参照のこと）。

第3講のまとめ

❶タイプについての事前確率を設定する（データが得られないので、理由不十分の原理を採用し五分五分と設定する）。

❷行動についての条件付確率を設定する（調査データの活用）。

❸得た行動の情報から、ありえない可能性を消去する。

❹残った世界の確率の数値を、比例関係を保って「足して1」になるようにし、正規化条件を復旧させる。

❺タイプについての事後確率（ベイズ逆確率）が得られる。

❻事前確率が、行動の観察によって、事後確率に更新される（ベイズ更新）。

❼扱われる確率は「主観確率」である。

> **練習問題**

　ここでは、本文と同じ設定のモデルで、推測者が少し「弱気」の場合の推定をやってみよう。本文では、「本命」「論外」の事前確率の設定を五分五分としたが、それを「本命」の事前確率が 0.4、「論外」の事前確率が 0.6 と変更する。あとは同じで、情報についての条件付確率は、

タイプ	チョコをあげる確率	チョコをあげない確率
本命	0.4	0.6
論外	0.2	0.8

とする。このとき、チョコをもらった、という情報の下での「本命」の確率を、次のステップで計算してみよ。

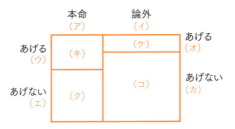

タイプについての事前確率から、（ア）＝（　　　）、（イ）＝（　　　）となる。
情報に対する条件付確率から、（ウ）＝（　　　）、（エ）＝（　　　）
　　　　　　　　　　　　　　（オ）＝（　　　）、（カ）＝（　　　）
分岐した 4 つの世界の確率は、（キ）＝（　　　）×（　　　）＝（　　　）
　　　　　　　　　　　　　　（ク）＝（　　　）×（　　　）＝（　　　）
　　　　　　　　　　　　　　（ケ）＝（　　　）×（　　　）＝（　　　）
　　　　　　　　　　　　　　（コ）＝（　　　）×（　　　）＝（　　　）

「あげる」が観測された 2 つの世界の確率を足して 1 になるようにすると、
（キ）:（ケ）＝（　　　）:（　　　）＝（　　　）:（　　　）
　　　　　　　　　　　　　　　　　　　　　　　足して 1 になる

「チョコをあげる」の下での「本命」の事後確率＝（　　　）

第4講

「確率の確率」を使って推定の幅を広げる

4-1　最初の子は女児。次の子は男女どちらか？

　第1講と第2講では、事前確率の設定に客観的なデータを使いました。そして、第3講では、事前確率の設定に使える客観的なデータがないため、主観的に事前確率を設定しました。この第4講では、さらに一歩踏み込んだ、不思議なベイズ推定の使い方を説明しましょう。次のような問題設定です。

> **問題設定**
> ある夫婦の最初の子供が女児だったとする。そのとき、その夫婦に次に生まれてくる子供が女児である確率はいくつだろうか。

　この問題設定は意味があるのか、と疑問を持つことでしょう。漠然としすぎていて、何をしてよいかわからないからです。多くの人は次のように考えることが多いでしょう。すなわち、「男女が生まれる確率は五分五分なのだから、当然、最初が女児であったことは次の子供の性別とは無関係であり、次の子供が女児である確率はやはり五分五分であろう」と。

　実際、筆者がこの問題設定に対するベイズ推定のことをある本に書いたとき、読者のかたから反論のメールをもらいました。その内容は、「友人の医者によると、男児を産みやすい・女児を産みやすいなどということはなく、確率は五分五分と考えられるそうだ」というものでした。

　もちろん、この人の言いたいことはわからないではないですが、他方で、その本の解説を咀嚼せずに、思考を停止した状態で一方的な反論を送ってくることにすこし残念な気分になりました。

　第一に、統計的に見ても、男女の生まれてくる比率は五分五分ではありません。わずかながら、男児の比率が高いことが知られています。日本では約51：49で男児のほうが多いです。比率の違いはあっても、「男児のほうが多い」という性質は世界共通だそうです。原因がなんであれ、生物学的に男女が生まれる固有の仕組みがあり、正しいコインを投げるのと同じ確率現象とは言えないようです。

　第二に、その読者の友人のお医者さんが観察しているのは、「多数の夫婦に生まれてくる多数の子供に関する統計」であって、「ある特定の夫婦に生まれてくる子供に関する統計」ではない、ということです。人類とい

う種全体に統計的に現れる性質として、仮に、51：49のような安定的な比率があるとしても、ある特定の夫婦に生まれる子供の男女比がこの比率である必然性はないでしょう。この夫婦に固有の特性が働いていて、「女児が若干生まれやすい」とか「男児が若干生まれやすい」という性向が存在している可能性も否定できません。

そもそも、スタンダードな統計学（ネイマン・ピアソン統計学とも呼ばれる）は、人類という種全体に内在する男女比といったような性向の解明には有効ですが、特定の夫婦に潜在する男女の生まれやすさといった問題には使えません。第8講で詳しく解説しますが、スタンダードな統計学は、ある程度の大きな量のデータを使わないと推定ができないからです。特定の夫婦から、統計的な検証ができるほどの数の子供が生まれることはないし、また、それだけたくさんの子供を産むうちには、加齢によって身体的な条件が変化してしまうでしょう。

しかし、このような特定の夫婦における出産の推定についても、**ベイズ推定は使えるのです。その理由は、ベイズ推定がある種の「ゆるさ」を持った推定だ**、という点にあります。その「ゆるさ」というのは、事前確率という不可思議なものを設定することと、その数値が主観的なものでも良い、という点です。以下、この問題設定に関して、ベイズ推定独特のアプローチを順を追って説明していきましょう。

4-2 「確率の確率」を「事前確率」に設定する

まず、ポイントとなるのは、タイプの設定です。ここで設定するタイプとは、「その夫婦に生まれる子供が女児となる確率」です。この確率を p と記しましょう。

「確率 p は0.5なんじゃないの？」と条件反射的に突っ込みを入れる読

者もいるでしょうが、前節で解説したように、男女が五分五分（あるいは、ほぼ五分五分）で生まれる、というのは人類という種全体で統計をとったときであって、特定の夫婦にもあてはまるかどうかは定かではありません。

　そこで、「その夫婦に生まれる子供が女児となる確率」p は、0 以上 1 以下の任意の数値と設定するのが自然です。この場合は、夫婦のタイプを表す p は、$0 \leqq p \leqq 1$ を満たす数たちですから、連続的に分布する無限個の数値となります。このようにタイプ p を設定してベイズ推定を行うことは可能ですが、かなり高度なテクニックになるので、第 19 講にまわすこととし、ここでは簡易版で解説します。

　簡易版というのは、**タイプ p の設定として、0.6、0.5、0.4 の 3 通りを用意する**、ということです。もちろん、$0 \leqq p \leqq 1$ を満たす数たち全部をタイプとするほうが自然ですが、この講では、この推定の特質を理解してもらいたいので、不自然さには目をつぶって、わかりやすさを優先しています。

　さて、タイプを表す「その夫婦に生まれる子供が女児となる確率」p を、0.6、0.5、0.4 の 3 通りにとりあえず決めたので、この夫婦は、この 3 つのタイプのどれかに該当していることが仮定されました。例えば、$p = 0.6$ であるとすれば、この夫婦から女児が生まれる確率は 0.6 ということになり、$p = 0.4$ であれば、この夫婦から女児が生まれる確率は 0.4 ということになるわけです。前者は「女児を産みやすい夫婦であること」の代表、後者は「男児を産みやすい夫婦であること」の代表であると理解しましょう。もちろん、$p = 0.5$ は、「男女が五分五分の確率で生まれるような夫婦であること」の代表です。

　次に、これまでと同じように、この 3 つのタイプのそれぞれで、ある事前確率を設定します。

この場合も、この夫婦がどのタイプに属するかについての統計的なデータが全くないので、前講と同じく**「理由不十分の原理」**という方法を採用します。すなわち、**図表4-1**のように、**3つのタイプそれぞれに確率$\frac{1}{3}$を設定するのです**。

図表4-1　理由不十分の原理による事前分布

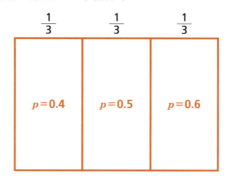

　ここで、初学者が混乱しがちなのが、「$p = 0.4$ である事前確率」と設定されている確率$\frac{1}{3}$の意味です。p自体も確率なのですから、「$p = 0.4$ である事前確率」である$\frac{1}{3}$は**「確率の確率」**となっています。慣れないと頭が混乱することでしょう。

　理解のポイントは、pは「女児が生まれる」確率を表しており、事前確率$\frac{1}{3}$は、3通り設定されている**タイプの確率pの値の「どれが真実であるかについての可能性」を示している数値だ**、ということです。

　言い換えると、事前確率は、その夫婦がどの可能世界に属しているか、という確率を表しており、確率pのほうは、各可能世界においてその夫婦が女児を産む確率を表しています。つまり、全く別種の確率であるということなのです。

　前講までは、タイプ（可能世界の分岐）が確率と無関係のものだったけ

れど、今回はタイプが確率 p で表現されている、ということにすぎません。つまり、この夫婦は、「女児を産む確率が 0.4 である」世界か、「女児を産む確率が 0.5 である」世界か、「女児を産む確率が 0.6 である」世界か、いずれかの世界にいるわけですが、どの世界にいるかはわからず、推測の対象でしかありません。そして、どの可能世界が他の可能世界よりも、ありうるともありえないともわからないから、「理由不十分の原理」を使って、すべて事前確率 $\frac{1}{3}$ と設定しているわけです。

ちなみに、人類という種に関して統計的にみて $p = 0.5$ が他の2つよりも可能性が十分に高いと思うのであれば、事前分布の設定を変えることは可能です。例えば、「女児を産む確率が 0.4 である」事前確率と「女児を産む確率が 0.6 である」事前確率をともに 0.2 として、「女児を産む確率が 0.5 である」事前確率を 0.6 とするなども可能です。(これについては、練習問題でトライしていただきます)。

事前確率の設定で、今までと異なる点がもう1つあります。それは、タイプの設定が、今までは2通りだったのですが、今回は3通りになっている、ということです。本講を理解できれば、タイプが何通りになっても(有限である限り)推定できるようになるでしょう。

4-3 「女児が生まれる確率」を そのまま「条件付確率」として使う

次のステップは、これまでと同じく、タイプ別に特定の行動をもたらす条件付確率を設定することです。今回は、これは非常に簡単です。なぜなら、タイプそのものがその条件付確率になっているからです。

例えば、もしもその夫婦の属するタイプが $p = 0.4$ であれば、その夫婦が女児を産む条件付確率はそのまま 0.4 となります。そして当然、男児を産む確率は 1 − 0.4 = 0.6 です。これを表にしたものが**図表 4-2** です。

図表4-2　その夫婦が女児・男児を産む条件付確率

タイプ	女児を産む確率	男児を産む確率
$p = 0.4$	0.4	0.6
$p = 0.5$	0.5	0.5
$p = 0.6$	0.6	0.4

　これらの確率は、今までと同様に、「原因が特定されているときの、結果の確率」となっています。ここで「原因」とは、「女児を産みやすい・男児を産みやすい」で、「結果」とは、「女児が生まれる・男児が生まれる」にあたります。

　図表4-3のように、3つに分岐した世界が、さらにそれぞれ2つずつに分かれ、6つの世界になります。

図表4-3　6つに分岐する世界

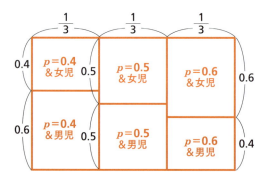

　次に、6つの可能世界にそれが生起する確率をそれぞれ書き込みます。確率はこれまで通り、長方形の面積を計算すれば得られます。表現が分数と小数が混在する見慣れない形になっていますが、それは今後の計算を簡単にするためなので、気にしないで読み進んでください（**図表4-4**）。

図表4-4　6つの世界の確率

	$p=0.4$	$p=0.5$	$p=0.6$
女児	$\dfrac{0.4}{3}$ $0.4\times\dfrac{1}{3}$	$\dfrac{0.5}{3}$ $0.5\times\dfrac{1}{3}$	$\dfrac{0.6}{3}$ $0.6\times\dfrac{1}{3}$
男児	$\dfrac{0.6}{3}$ $0.6\times\dfrac{1}{3}$	$\dfrac{0.5}{3}$ $0.5\times\dfrac{1}{3}$	$\dfrac{0.4}{3}$ $0.4\times\dfrac{1}{3}$

4-4　1人目に女児が生まれたので、「ありえないほうの世界」を消去する

　さて、夫婦は「1人目に女児が生まれた」という現実に直面しています。したがって、1人目が男児という世界が消え去ります。これを図に反映させましょう（**図表4-5**）。

図表4-5　情報によって可能性が限定される

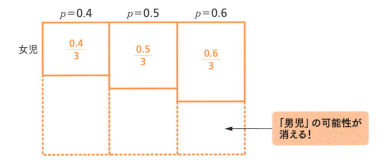

　その夫婦の最初の子供が女児だと観測されたことによって、可能性が6つから3つに絞られました。すなわち、当該の夫婦は、この3つの世界のどこかにいることになるわけです。そこで、これまでと同じように、比

例関係を保ったまま足して1になるようにし、正規化条件を回復させます。

（左の長方形の面積）：（真ん中の長方形の面積）：（右の長方形の面積）
$= \frac{0.4}{3} : \frac{0.5}{3} : \frac{0.6}{3}$
$= 0.4 : 0.5 : 0.6$
$= 4 : 5 : 6$

比を $4 + 5 + 6 = 15$ で割ることによって、「足して1」が回復されます。

（左の長方形の面積）：（真ん中の長方形の面積）：（右の長方形の面積）
$= \frac{4}{15} : \frac{5}{15} : \frac{6}{15}$
$= \frac{4}{15} : \frac{1}{3} : \frac{2}{5}$

これによって、事後確率は、

確率$p=0.4$である事後確率$= \frac{4}{15} =$約0.27
確率$p=0.5$である事後確率$= \frac{1}{3} =$約0.33
確率$p=0.6$である事後確率$= \frac{2}{5} = 0.4$

とわかりました。

4-5　ベイズ推定のプロセスまとめ

本講のベイズ推定の方法を図式でまとめると**図表 4-6** のようになります。

図表4-6 夫婦のタイプについてのベイズ推定のプロセス

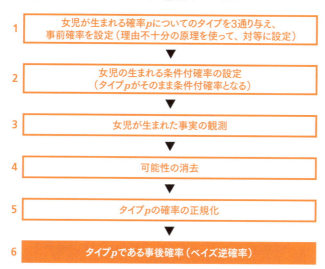

　タイプ p の事後確率を求めたことで、いったい何がわかったのでしょうか。それは、事前確率と事後確率の**図表4-7**を眺めれば、自ずとわかってきます。

図表4-7 夫婦のタイプについてのベイズ更新

この図式からわかることは、女児が生まれる前には、3つのタイプはすべて対等の可能性と考え、確率0.33を割り振っていました。しかし、女児が生まれたという情報によって、事後確率は対等ではなくなります。$p = 0.5$である確率は同じ0.33のままですが、$p = 0.4$である確率は0.33から0.27に減少し、$p = 0.6$である確率は0.33から0.4に増加しています。つまり、**「女児が生まれた」という情報を得る前に比べて、得たあとは「女の子が生まれやすい夫婦である」という推定結果に変化している**ことになります。

　ついでに指摘しておきたいのは、この例では**客観確率**と**主観確率**が混在している、ということです。タイプを表している確率 p は、客観確率です。$p = 0.4$ の意味することは、この夫婦から、あたかも確率0.4で表が出るコインを投げたように、確率0.4で「女児」という面が出る、という解釈だからです。これは誰にも客観的であるような確率です。一方、事前確率および事後確率は、推定者の心に依拠する主観確率です。それは、事前確率を「理由不十分の原理」から対等に設定したスタートラインを思い出せばわかります。「そう考えるしかないから、とりあえず対等に設定しよう」ということは、**「確率という対象を個人的に考えている」**ことを意味しており、これは主観そのものと解釈するのが適切でしょう。

4-6　「次に女児が生まれる確率」を求めるには「期待値」を使う

　得られた事後確率は、

　　　（タイプp＝0.4の事後確率）＝0.27
　　　（タイプp＝0.5の事後確率）＝0.33
　　　（タイプp＝0.6の事後確率）＝0.4

という、タイプ別の確率、すなわち「確率の確率」です。数値が 3 通りあって、詳細であることはありがたいのですが、「それじゃ、結局のところ、次に女児が生まれる確率はいくつなの？」という問いの答えにはなっていません。そこで、最後にこの問いに答える方法を解説しておくことにしましょう。

「この夫婦から生まれる次の子供が女児である確率」を 1 つの数値として求めるには、「平均値」を使います。それも確率的平均値なので、専門的には**「期待値」**と呼ばれる数値です。期待値については、あとの第 18 講で厳密に解説しますので、ここでは、図解によって、その意味を与えるだけにしましょう。

まず、ありえる世界（女児が生まれた世界）の長方形に、事後確率を記入した図を描きます。それは 3 つの長方形から成っています。左側の長方形は、縦の長さがタイプの $p = 0.4$、横の長さがその事後確率 0.27 です。真ん中の長方形は、縦の長さがタイプの $p = 0.5$、横の長さがその事後確率 0.33 です。右側の長方形は、縦の長さがタイプの $p = 0.6$、横の長さがその事後確率 0.4 です。したがって、各長方形の面積は、順に、

　　左側 → 0.4×0.27＝0.108、
　　真ん中 → 0.5×0.33＝0.165、
　　右側 → 0.6×0.4＝0.24

となります。この 3 つの長方形に対して、横の長さの和と面積の和が両方一致するような 1 個の長方形を作ります。それが点線の長方形です。この長方形は、横の辺の長さがちょうど 1 となっています。その理由は、3 つの長方形の横の辺の長さは、各タイプの事後確率ですから、正規化条件によって足すと 1 になっているからです。したがって、点線の長方形

の縦の辺の長さは、3つの長方形の面積の和とぴったり一致します。これが、「タイプを平均化した値」であり、「タイプの期待値」となります（**図表 4-8**）。

図表4-8　タイプの平均値を計算する

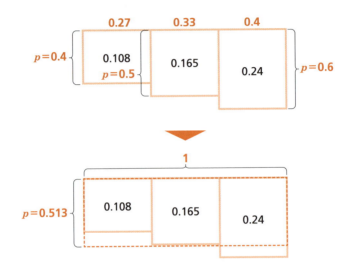

具体的な計算を示すと、

(pの期待値)＝0.4×0.27＋0.5×0.33＋0.6×0.4
＝0.108＋0.165＋0.24
＝0.513

です。したがって、この夫婦のタイプ（女児を産む確率）を平均化すれば、それは 0.513 であり、これが、**この夫婦から次に生まれてくる子供が女児となる確率**だと解釈できるわけです。タイプを $0 \leqq p \leqq 1$ を満たすすべての p と設定するケースは、第 19 講で行います。

第4講のまとめ

1. タイプを確率で設定し、その事前確率を設定する（データが得られないので、理由不十分の原理を採用し対等と設定する）。事前確率は「確率の確率」となる。
2. 条件付確率を設定する（これはタイプの確率そのものと設定すればよい）。
3. 得た情報（女児が生まれた）から、ありえない可能性を消去する。
4. 残った世界の確率の数値について、正規化条件を復旧する。
5. タイプについての事後確率（ベイズ逆確率）が得られる。
6. 事前確率が、得た情報によって、事後確率に更新される（ベイズ更新）。
7. 事前確率と事後確率はともに主観確率である。
8. 各タイプ（確率で表現されている）の確率が得られたので、それを平均化する（期待値を求める）ことで、タイプの平均値を求める。それが、次に生まれる子が女児である確率となる。

練習問題

本文の事前確率の設定ではすべて均等としたが、これはあまり妥当ではない。$p=0.5$ の可能性が他に比べて大きいと考えるのは自然である。そこで設定を変更し、事前確率を、

タイプ $p=0.4$ の確率 → 0.2
タイプ $p=0.5$ の確率 → 0.6
タイプ $p=0.6$ の確率 → 0.2

として、以下のプロセスで事後確率を求めよ。

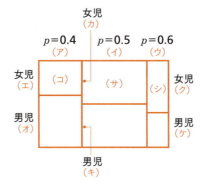

タイプについての事前確率から、
(ア) = (　　　)、(イ) = (　　　)、(ウ) = (　　　) となる。
情報に対する条件付確率から、　(エ) = 0.4、(オ) = (　　　)
　　　　　　　　　　　　　　　(カ) = 0.5、(キ) = (　　　)
　　　　　　　　　　　　　　　(ク) = 0.6、(ケ) = (　　　)
分岐した9つの世界のうち、女児が生まれる世界それぞれの確率は、
　　　　　　　　(コ) = (　　　) × (　　　) = (　　　)
　　　　　　　　(サ) = (　　　) × (　　　) = (　　　)
　　　　　　　　(シ) = (　　　) × (　　　) = (　　　)
「女児が生まれた」3つの世界の確率を正規化すると、
　　　　　　　　(コ):(サ):(シ) = (　　　):(　　　):(　　　)
　　　　　　　　　　　　　　　= (　　　):(　　　):(　　　)

足して1になる

column　ベイズとはどんな人だったか

　ベイズ逆確率を発見したのは、1702年生まれ1761年没のイギリス人、トーマス・ベイズという人でした。ベイズは、スコットランドのエディンバラ大学で、神学と数学を学びました。その後、父親の職業を継いで、牧師となりました。

　ベイズは、牧師に従事しながら、数学の研究もしていました。これは特異なことではありません。当時は、神に仕える人々のなかに、数学を研究する人が少なくなかったからです。

　ベイズは、生涯に一編だけ数学の論文を書いています。それは、『確率の考え方におけるある問題の解法に関する考察』というタイトルの論文でした。この論文の中に、ベイズ逆確率の原点がありました。ベイズは、この発見をあまり重要に思っていなかったらしく、長い間放置しており、それで執筆された年がはっきりわかりません。1740年代の終わり、おそらく1748年または1749年であろう、と推測されています。

　ベイズの発見を世に知らしめたのは、やはり牧師をしていた友人リチャード・プライスでした。プライスは、ベイズの親戚の依頼で、ベイズの残した文献を調べました。そこに前述の論文を発見し、考え方を整理した上で、1764年にロイヤル・ソサエティーの『哲学紀要』に論文を発表しました。これが、ベイズ逆確率のお披露目となりました。

　しかし、プライスの報告はほとんど注目されませんでした。その流れが変わったのが、フランスの天才数学者ラプラスの研究でした。ラプラスは、天文学・物理学・数学にたくさんの業績を持つ人でしたが、ベイズの研究を知る前に既にベイズ逆確率の着想に肉薄した論文を書いていました。その後、人づてにプライスの研究を知り、それが自分の初期の研究を完成に導くことに気がつき、1781年頃に、一気にベイズ逆確率を現在の公式の形に作り上げたのでした。したがって、ベイズ逆確率はラプラスの発見でもあると言えるのです。

第5講

推論のプロセスから浮き彫りになるベイズ推定の特徴

5-1 実は通常の統計学より長い歴史を持つベイズ統計学

　これまでの4講分の講義では、ベイズ推定の具体的なやり方を解説してきました。読者諸氏が、ベイズ推定のプロセスに慣れたであろうこのあたりで、**ベイズ推定がどんな論理構造を持った推定であるかを解説**することにしましょう。

　とりわけ、スタンダードな統計的推定（ネイマン・ピアソン統計学と呼ばれます）との違いを明らかにしたいと思います。ネイマンとピアソンは、現在の統計学の形を作り上げた2人の統計学者の名前です。もう1人、フィッシャーという重要な貢献をした統計学者もいるので、フィッシャー・ネイマン・ピアソン統計学と呼ぶこともあるようですが、本書ではよく用いられるネイマン・ピアソン統計学という言い方で統一することにします。

　普通の統計学の教科書は、ネイマン・ピアソン統計学について解説されています。「仮説検定」とか「区間推定」とかいった方法論が代表的なものです。しかし、その歴史は案外浅く、19世紀の終わりから、20世紀の初めにかけて完成されたものでした。

むしろ、ベイズ統計学のほうが歴史は古く、創始者であるベイズは18世紀の人で、ベイズ推定の発想は、すでに18世紀にはできあがっていたのです（71頁のコラム参照）。しかし、ベイズ推定の考え方を批判する学者が後を絶たず、とりわけ、19世紀の終わり頃にフィッシャーらが激烈な批判を繰り広げ、ベイズ推定はいったん学会から葬り去られました。

それが、20世紀中頃になって、再度、注目を浴びます。復権のきっかけとなったのは、サベージなどの統計学者たちが「主観的確率」の理論を構築したことでした（160頁のコラム参照）。それ以降、ベイズ統計学はネイマン・ピアソン統計学が発展させた成果とシンクロしながら、著しい進化を遂げることになったのです。

5-2 推論とは何か

一般に、「推論」というのは、はっきりしていない出来事について、何らかの証拠から推理を行い、その**事実を突き止めようとする行為**です。科学的な推論の方法は、分野ごとに固有なものがあります。

なかでも最も典型的な推論の方法は、「論理的推論」でしょう。ここでの「論理的」における「論理」とは、数学の証明における「論理」を指すものと理解してよいです。簡単な例で説明をしましょう。

例えば今、目の前に1つのツボがあるとします。そのツボはAのツボであるか、Bのツボであるか、どちらかであることは知っていますが、どちらのツボであるかは見た目ではわからないとしましょう。これが、「はっきりしていない出来事」に対応します。一方、ここに両方のツボについての知識があるとします。それは、Aのツボには10個の球が入っており、それらはすべて白球で、他方、Bのツボには10個の球が入っており、それらはすべて黒球だ、という知識です。

さて、その目の前のツボから1個の球を取り出したら、黒球でした。この黒球というのが、推測のための「証拠」となります。では、この証拠から、このツボはA、Bどちらのツボと判断できるでしょうか。

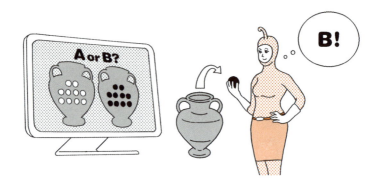

　これは非常に簡単な推論で、誰でもBのツボだと結論できるでしょう。これについての推論は、わざわざ解説するまでもないほど明白ですが、「推論とは何か」を明らかにするため、あえて推論のプロセスを詳しく記述してみることにしましょう。

5-3　論理的推論のプロセス

　まず、知識として持っている事実関係を、簡明に表現して列挙してみましょう。

事実1　AまたはB。
事実2　Aならば白球。
事実3　Bならば黒球。
事実4　黒球（白球でない）。

　では、この4つの事実から、「Bである」という結論を導いてみましょう。

もちろん、通常の人なら、直感的にBであることはわかるでしょう。しかし、数学における証明（論理的な演繹）における推論は、やり方が限定されており、どんな理屈を使ってもよいわけではありません。

代表的な証明の方法は「自然演繹」と呼ばれている演繹システムです。ここでは、その自然演繹の手続きに限定して、あえてまわりくどく導出することにします（自然演繹が何であるか、については、拙著『数学的推論が世界を変える』〔NHK出版、2012年〕を参照のこと）。

まず、Aだと仮定します。この仮定Aと事実2から「白球」が結論されます。一方、事実4から「黒球（白球でない）」とわかっています。「白球」「白球でない」は矛盾です。したがって、仮定のAが否定されるので、「Aでない」とわかります。この「Aでない」と事実1から、Bが結論されます。

きちんと書いてみると、だいぶまわりくどい推論になりますが、途中で用いた演繹は、数学の厳密な証明（あるいは論理学における演繹）で認められているもののみであり、飛躍のある推論は1つもありません。言ってみれば、コンピューターにもプログラムできる規則だけを使って結論を導いています。したがって、出た結論は論理的な結論です。

ここで事実3は推論に使われていませんが、次節との比較のために入れておきました。

5–4　確率的推論のプロセス

前記の論理的推論に対するものとして、次に、確率的推論の見本をお見せすることとしましょう。次のような問題を考えることとします。

目の前にツボが1つあり、AのツボかBのツボであることはわかっていますが、見た目ではどちらかわかりません。知識として、Aのツボには9個の白球と1個の黒球が入っており、Bのツボには2個の白球と8個

の黒球が入っていることを知っているとします。今、ツボから 1 個球を取り出したら、黒球でした。目の前のツボはどちらのツボでしょうか。

このケースでは、前節の推論は通用しないことがわかるでしょう。事実 2 と事実 3 が成り立たないからです。そこで、事実 2 を次の事実 2' に、事実 3 を次の事実 3' に変更して推論しなければなりません。

事実 1　A または B。
事実 2'　A ならばおおよそ白球。
事実 3'　B ならばおおよそ黒球。
事実 4　黒球（白球でない）。

さて、この 4 つの事実から、どのような結論を導いたらよいでしょうか。直感的には、誰もが次のような結論にたどりつくことでしょう。すなわち、「おおよそ B であろう」という結論です。問題は、この文言の中の「おおよそ」という言葉をどのように解釈したらよいか、ということです。

この「おおよそ」の解釈に、スタンダードな統計学（ネイマン・ピアソン統計学）とベイズ統計学の立場の違いが鮮明に表れるのです。
スタンダードな統計的推定では、「おおよそ B であろう」を「リスクは

あるが、Bを結論しよう」という意味で使います。これは、リスクを覚悟したうえで、2つある可能性のうちの一方だけを結論する立場です。

他方、**ベイズ推定では、「おおよそBであろう」を「AもBもありうるが、Bのほうが可能性が十分大きいだろう」という立場をとります**。これは、AだともBだとも結論を下さず、いわば二股をかけた結論を出し、しかし、その可能性に重みの違いをつける立場をとるものです。

以降、このようなスタンダードな統計的推定とベイズ推定との論理的な構造の違いを詳しく説明していきますが、講を改めて行うこととしましょう。

第5講のまとめ

❶論理的推論（自然演繹）は、論理学の演繹法によって、厳密に結論を導出するものである。

❷知識として持っている事実に、不確実な部分がある場合には、確率的推論になる。

❸確率的推論では、「おおよそ＊＊であろう」という結論が導かれる。

❹確率的推論には、スタンダードな統計的推定と、ベイズ推定の2通りがある。

❺スタンダードな統計的推定では、一定のリスクを踏まえたうえで「＊＊である」のような形式で結論を1つにしぼる。

❻ベイズ推定では、「どちらもありうるが、＊＊の可能性のほうが高い」のような形式で、二股をかけた結論を導く。

練習問題

　世の中には、「おっちょこちょいの人」と「しっかり者」がいる。以下のカッコを適切に埋めよ。

(1)「おっちょこちょいの人」は必ずミスをし、「しっかり者」は絶対にミスをしない、と仮定しよう。今、新入社員Aさんがミスをしたとすると、論理的推論から、Aさんのタイプは（　　　）である。

(2)「おっちょこちょいの人」は頻繁にミスをし、「しっかり者」はたいていミスをしない、と仮定しよう。今、新入社員Bさんがミスをしなかったとすると、ベイズ推定では、Bさんのタイプは（　　　）かもしれないし、（　　　）かもしれないが、（　　　）の可能性のほうが大きいだろう、と判断する。

第6講 明快で厳格だが、使いどころが限られるネイマン・ピアソン式推定

6-1 ネイマン・ピアソン式推定でツボの問題を解く

前講の確率的推論の問題をもう一度、振り返りましょう。

目の前にツボが1つあり、AのツボかBのツボであることはわかっていますが、見た目ではどちらかわかりません。知識として、Aのツボには9個の白球と1個の黒球が入っており、Bのツボには2個の白球と8個の黒球が入っていることを知っているとします。今、ツボから1個球を取り出したら、黒球でした。目の前のツボはどちらのツボでしょうか。

ツボについて持っている知識は、次の4つにまとめることができました。

事実1　AまたはB。
事実2'　Aならばおおよそ白球。
事実3'　Bならばおおよそ黒球。
事実4　黒球（白球でない）。

これらの事実を用いた推定では、事実2'と事実3'に「おおよそ」という言葉が入っているために、論理的推論は使えませんでした。しかし、こ

こに**1つの判断**を加えれば、論理的推論とほぼ同じ経路をたどって、推定を行うことができます。

その1つの判断というのは、**「おおよそ」における確率的な数値が一定の基準を満たしさえすれば、間違った判断をしてしまうリスクは覚悟する**、という判断です。

例えば、10回に1回程度、すなわち、確率10パーセントで間違った結論を下してしまうことは仕方ない、と目をつぶる、そういう判断をしたとしましょう。この判断の下でなら、次のような推論が可能となります。

まず、仮にAだと仮定します。そして、事実2'から、白球だと結論します。ただし、この結論は「絶対に正しい」ものではありません。この結論は10パーセントの確率で誤りとなります。Aのツボから取り出される球が黒球である確率が0.1だからです。

わずか10パーセントながら間違う可能性を持つこの結論「白球である」と、事実4とを合わせると、矛盾が起こります。したがって、仮定であるAが否定され、「Aでない」が導かれます。このことを、統計学の専門用語で「**仮説Aは棄却される**」と言います。最後に、事実1とこの「Aでない」から、Bが結論されます。

以上が、スタンダードな統計学（ネイマン・ピアソン統計学）の推定の論理です。

ポイントになるのは、**「おおよそ」を意味する確率10パーセントを、判断を間違えるリスクとして受け入れた**、ということです。したがって、今下した判断「Bのツボである」が正しいか間違いか、そのこと自体はわかりませんが、**この方法で推定し続けると、わずか10パーセントの確率ではあるが、間違った結論を下してしまう**、つまり、「AのツボなのにBのツボだと結論してしまう」ということが起きます。

6-2 仮説検定のプロセス

前節で解説した確率的推論の方法は、スタンダードな統計学（ネイマン・ピアソン統計学）における、「**仮説検定**」という方法にあたります。本書は、ネイマン・ピアソン統計学を解説する本ではないので、あまり詳しくは立ち入りませんが（必要な読者は拙著『完全独習　統計学入門』〔ダイヤモンド社、2006年、文献案内⑨〕をご覧ください）、おおまかに仮説検定の手続きを述べておきます。以下の通りです。

仮説検定の手続き
ステップ1：検証したい仮説Aを立てる。この仮説Aのことを「**帰無仮説**」と呼ぶ。
ステップ2：Aでない場合に結論する仮説Bを用意する。この仮説Bを「**対立仮説**」と呼ぶ。
ステップ3：Aが正しい下では、小さい確率αでしか観測されえない現象Xを考える。
ステップ4：現象Xが観測されたかどうか確かめる。
ステップ5：現象Xが観測された場合、帰無仮説Aが間違いだったと判断し、**帰無仮説Aを棄却**し、対立仮説Bを採択する。
ステップ6：現象Xが観測されない場合には、**帰無仮説Aは棄却できない**、として、帰無仮説Aを採択する。

以上のプロセスをざっくりとまとめると、「**Aが正しい場合にαという低い確率でしか起きないことが、実際に観測されたとき、Aがそもそも間違っていると判断し、仮説Aを捨てる。観測されなかったときは、捨てる理由がないから保持する**」ということです。ここで帰無仮説Aを棄却するかしないかの基準となる確率αは、専門的に「**有意水準**」と呼ばれま

す。αの確率で起きる現象を観測したら仮説を捨てるわけですから、「正しい仮説Aを間違って捨ててしまう」確率がαになる、ということです。つまり、この推定方法を何回も続けるとαの割合で判断を間違う、ということを意味しています。

以上を前節のツボの例にあてはめてみましょう。

まず、帰無仮説は「Aのツボである」です。対立仮説は当然、「Bのツボである」になります。そして、有意水準αを0.1に設定すれば、Aのツボから黒球が出てくることを観察する確率はαになります。そして、黒球を観測したことにより、帰無仮説Aは棄却され、対立仮説Bが採択されます。これは、前節で解説した確率的推論のプロセスと全く一致しています。

6–3　仮説検定では判断を下せないケースがある

仮説検定は、論理的推論と比較してみても、ほぼ同じ発想に立脚した非常に明快な方法論だと思えるでしょう。実際、現代ではこの方法が広く用いられています。ただし、ポイントは有意水準αであり、これをいくつに設定するかが重要な問題となります。

有意水準αは「めったに観測されないような現象」の確率を意味しますから、当然、小さい数値に設定されます。**普通は、5パーセント（0.05）または1パーセント（0.01）と設定されます。**ただし、5パーセント（0.05）または1パーセント（0.01）と設定することには科学的根拠はありません。一説によると、フィッシャーが「毎年推定している場合、研究の現役である20年に1回程度間違うことは仕方ないだろう」というような理由で設定した、とのことです（文献案内①参照）。

ところで、有意水準を5パーセント（0.05）または1パーセント（0.01）に設定すると、最初の節で解説した確率的推論は、仮説検定の基準に合致

しないことになってしまいます。なぜなら、仮説A（Aのツボである）を棄却する基準として、「黒球が出るのを観測する」ことを使うのですが、この確率は10パーセントであり、5パーセントより大きいからです。同様に、仮説Bを帰無仮説とすることも、仮説検定に合致しません。この場合は、白球が出ることを現象Xとしたいわけですが、これも20パーセントの確率なので、有意水準を満たさないからです。

第6講のまとめ

❶ スタンダードな確率的推論はネイマン・ピアソン統計学によるもの。
❷ まず、帰無仮説と対立仮説を設定する。
❸ 有意水準αを設定する。普通は$\alpha = 0.05$または$\alpha = 0.01$。
❹ 帰無仮説の下で有意水準α以下でしか観測されない現象Xに注目する。
❺ 現象Xが観測されたら、帰無仮説を棄却し、対立仮説を採択する。
❻ 現象Xが観測されなければ、帰無仮説を採択する。
❼ 仮説検定は有意水準αの確率で間違うリスクを持っている。

> **練習問題**

　今、ツボはAかBかどちらかだとわかっている。Aのツボには96個の白球と4個の黒球が入っている。「Aのツボである」を帰無仮説とし、「Bのツボである」を対立仮説とする。ツボから球を1個取り出したら、黒球だった。あてはまるほうに丸をつけよ。

(1) 有意水準が5パーセント（0.05）のとき、仮説検定の結論は
　　破棄（　される　／　されない　）。

(2) 有意水準が1パーセント（0.01）のとき、仮説検定の結論は
　　破棄（　される　／　されない　）。

(3) (2)の下で、取り出した黒球をツボに戻し、もう1回球を取り出したら、また黒球だった。このとき、仮説検定の結論は破棄（　される　／　されない　）。

第7講

ベイズ推定は少ない情報でもっともらしい結論を出す
ネイマン・ピアソン式推定との違い

7-1 ベイズ推定でツボの問題を解く

　前講では、ツボの問題をスタンダードな確率的推論であるネイマン・ピアソン統計学で解く方法をお見せしました。それは仮説検定という方法で、有意水準を10パーセントに設定してよいなら、「黒球を観測した」ことから「ツボはBであろう」が結論できました。ただし、このような方法を繰り返す限り、10パーセントの確率で間違った判断を下す、ということを覚悟しなければならない、ということでした。さらには、有意水準を通常の5パーセントまたは1パーセントに設定するなら、そもそもツボの問題を、球を1つだけ観測する仮説検定から判断することはできなくなることも述べました。

　一方、ベイズ推定を使うなら、すでに第4講までで解説したのと同じ方法によって、ツボの問題に確率的推論を下すことができます。そして、そこには**有意水準のごとき概念は不要**です。以下、ツボの問題に関するベイズ推定を解説いたしましょう。

7–2　ツボAとツボBをタイプとして設定する

まず、問題設定を繰り返します。

> **問題設定**
>
> 目の前にツボが1つあり、AのツボかBのツボであることはわかっているが、見た目ではどちらかわからない。知識として、Aのツボには9個の白球と1個の黒球が入っており、Bのツボには2個の白球と8個の黒球が入っていることを知っているとする。今、ツボから1個球を取り出したら、黒球だった。目の前のツボはどちらのツボだろうか。

　まず、いつものようにタイプの設定をしましょう。判断したいことは、目の前のツボがAかBかということですから、タイプの設定は当然、AとBになります。

　次に**事前確率の設定**ですが、目の前のツボがAかBかわからず、また、どちらのほうがありそうなのかも（球を観測する前には）わからないわけですから、「**理由不十分の原理**」を用いるしかありません。すなわち、Aであることの事前確率も、Bであることの事前確率も、どちらも0.5と設定しましょう。したがって、可能世界を表す長方形は**図表7-1**のように2等分されます。

図表7-1 理由不十分の原理による事前分布

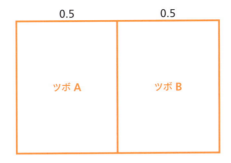

次に、各タイプに依存して、黒球・白球の出る条件付確率を設定します。ツボがAである場合は、黒球の条件付確率は0.1、白球の条件付確率は0.9です。他方、ツボがBの場合には、黒球の条件付確率は0.8、白球の条件付確率は0.2です。このことを図に描きこんだのが**図表7-2**です。世界は4つに分岐します。

図表7-2 条件付確率の設定

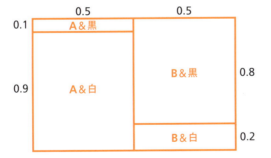

次に各4つの可能世界の確率を記入しましょう。確率が長方形の面積であることを思い出してください（**図表7-3**）。

図表7-3 4つの可能性の確率の計算

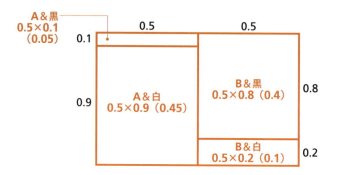

　観測された球の色が黒であることから、白球の世界を消去することとしましょう。それが**図表 7-4** です。黒球が観測された２つの世界に限定されたこの図において、各確率を正規化すると、

（ツボがAである事後確率）：（ツボがBである事後確率）
$= 0.5 \times 0.1 : 0.5 \times 0.8$
$= 1 : 8$
$= \frac{1}{9} : \frac{8}{9}$

となります。すなわち、黒球が観測された下では、ツボがAである事後確率が$\frac{1}{9}$＝約 0.11 であり、ツボがBである事後確率は$\frac{8}{9}$＝約 0.89 ということになります。後者は前者の８倍も大きいので、ツボがBだと判断するのが妥当でしょう。

図表7-4　2つの可能性が消滅

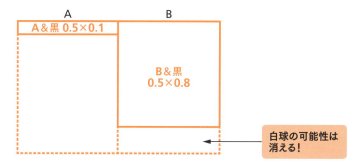

7-3　ベイズ推定は、どんな環境でも「とりあえずの」推定を出せる

　ご覧の通り、ベイズ推定にはネイマン・ピアソン統計学の仮説検定のような有意水準の設定はありませんから、**どんな環境でも「とりあえずの」推定ができるのが強み**です。ただし、ネイマン・ピアソン式のように、AとBどちらか一方の結論を断定するものではなく、**両方の可能性を残して、その可能性の比率関係を与えるものでしかありません**。数値を見て判断を下す仕事は、統計家に委ねられるわけです。それで、ベイズ推定はしばしば「社長の確率」と呼ばれたりします。ベイズ推定を社員に見立て、報告された数値を見て判断を下すのは社長の裁量である、という意味です。

　ツボの問題の場合、Aのツボの10個の球のうち、黒球の個数を x、Bのツボの10個の球のうち、黒球の個数を y とすると、黒球を観測した場合、

　　（Aである事後確率）：（Bである事後確率）＝ $x:y$

となります。したがって、黒の多いツボのほうの事後確率が大きくなりま

す（前説の例では、$x = 1, y = 8$）。これは、「**黒を観測したのだから、黒が多いほうのツボであろう**」という非常に素朴な推論を正当化しています。統計家は $x : y$ の比率を見て、「Aであろう」あるいは「Bであろう」あるいは「どちらかの結論を断定するのは妥当ではない」のいずれかを判断すればよいわけです。

7-4 ベイズ推定とネイマン・ピアソン式推定で違う「リスク」の意味

　最も注意しなければならないのは、**ベイズ推定とネイマン・ピアソン式推定とで、リスクの意味が完全に異なる**、という点です。

　第6講で述べたように、**ネイマン・ピアソン式推定では、有意水準というのがリスクの指標**になります。例えば、有意水準を5パーセントに設定した場合は、「**同じ方法での仮説検定を繰り返す場合に、5パーセントの確率で間違った結論を下す**」、ということを意味します。したがって、大胆な言い方をすれば、5パーセントというリスクは、「今下した結論」への直接的な評価ではないのです。リスクはあくまで使っている方法論についてのもので、「5パーセントのリスクのある方法で下した結論」という間接的な評価値となっています。

　他方、この講で解説した**ベイズ推定による結論についてのリスク評価は、事後確率そのものになる**と考えられます。実際、ツボの推定の例では、「ツボAである事後確率」は約0.11と算出されましたから、「目の前のツボはBであろう」という結論を下すと、間違いである確率が約0.11となります。これは、方法論が持つリスクではなく、Aという可能性とBという可能性の比が1:8であることから直接に認められるリスクであるわけです。

　比喩的な表現で言えば、仮説検定のリスクは結論の外側にあり、ベイズ推定のリスクは結論の事後確率そのものにある、ということです。

もう1つ留意すべきことは、**ベイズ推定が有意水準など使わずに判定できるのは、事前確率という「怪しい」ものを設定しているから**です。前に解説したように、事前確率というのは、基本的には「主観的」なものです。つまり、「……という確率だ」というのではなく、「……という確率だと信じる」「とりあえず、……という確率と設定しておこう」のようなものでした。したがって、このような事前確率の下で推定される事後確率には、**常に恣意性があり、統計家の判断にその責任が残ります**。このことにも、「社長の確率」と呼ばれる所以を求めることができます。

図表7-5 ツボについてのベイズ更新

Aである事前確率＝0.5、Bである事前確率＝0.5
▼
黒球が観測された
▼
Aである事後確率＝$\frac{1}{9}$＝約0.11、Bである事後確率＝$\frac{8}{9}$＝約0.89

7-5　論理的な観点から見たベイズ推定のプロセス

最後に、第6講で説明したような、論理的な観点から、ベイズ推定の発想をまとめておきましょう。問題設定を事実に関する知識として列挙した、

事実1　AまたはB。
事実2'　Aならばおおよそ白球。
事実3'　Bならばおおよそ黒球。
事実4　黒球（白球でない）。

という 4 つから、ベイズ推定では、どういう推理を組み立てているか、を見てみます。

　まず、事実 2' から、A を仮定すると、(A かつ黒球) または (A かつ白球) のいずれもありうるが、「おおよそ後者」であることが導出されます。同様に、事実 3' から、B を仮定すると、(B かつ黒球) と (B かつ白球) がいずれもありうるが、「おおよそ前者」であることが導かれます。これらと事実 4 から、(A かつ白球) と (B かつ白球) が消え、(A かつ黒球) と (B かつ黒球) のみが残ります。

　前者は小さな可能性であり、後者は大きな可能性であることを考えれば、後者の (B かつ黒球) の可能性が強いと判断されます。(B かつ黒球) であるなら、当然 B は成り立ちますから、B が結論される、そういう論理構造をしている、と考えられるわけです。

第 7 講のまとめ

❶ツボが A か B かをタイプとして設定。
❷理由不十分の原理から、A の事前確率を 0.5、B の事前確率を 0.5 と設定する。
❸A の下での黒球の条件付確率を 0.1、白球の条件付確率を 0.9 と設定し、B の下での黒球の条件付確率を 0.8、白球の条件付確率を 0.2 と設定。
❹観測された球が黒球であったことから、白球の可能性を消去する。
❺黒球の確率を正規化条件を満たすようにする。
❻A である事後確率と B である事後確率が求められ、「おおよそ B であろう」という結論が下される。

練習問題

ここでは、ツボの球の構成を少し変えて、同じ推定を行う。

目の前にツボが1つあり、AのツボかBのツボであることはわかっているが、見た目ではどちらかはわからない。知識として、Aのツボには8個の白球と2個の黒球が入っており、Bのツボには3個の白球と7個の黒球が入っている。今、ツボから1個球を取り出したら、黒球だった。事前確率を五分五分と設定したときの、「Aである」、「Bである」の事後確率を次のステップで求め、ツボがAかB か判断せよ。

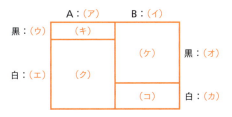

タイプについての事前確率から、(ア) = (　　　)、(イ) = (　　　) となる。
情報に対する条件付確率から、(ウ) = (　　　)、(エ) = (　　　)
　　　　　　　　　　　　　　(オ) = (　　　)、(カ) = (　　　)
分岐した4つの世界の確率は、(キ) = (　　　) × (　　　) = (　　　)
　　　　　　　　　　　　　　(ク) = (　　　) × (　　　) = (　　　)
　　　　　　　　　　　　　　(ケ) = (　　　) × (　　　) = (　　　)
　　　　　　　　　　　　　　(コ) = (　　　) × (　　　) = (　　　)

「黒球」が観測された2つの世界の確率を、正規化条件を満たすようにすると、
(キ):(ケ) = (　　　):(　　　) = (　　　):(　　　)　　足して1になる

「黒球」が観測された下でのAの確率 = (　　　)
「黒球」が観測された下でのBの確率 = (　　　)
以上から、ツボは (　　　) であろうと結論する。

第8講

ベイズ推定は「最尤(さいゆう)原理」にもとづいている
ベイズ統計学とネイマン・ピアソン統計学の接点

8-1 ベイズ統計学とネイマン・ピアソン統計学の共通点

　第5講から第8講では、スタンダードな統計学（ネイマン・ピアソン統計学）とベイズ統計学の考え方の違い、論理の違いについて解説してきました。それによると、2つの統計学には無視できない差異があることがわかります。

　とりわけ鮮明なのは、**ネイマン・ピアソン統計学では設定しない事前確率というものがベイズ統計学には導入されている**ことです。それは、推定したいことの原因と考えられるものを複数想定して、それらに「ありえそうな度合い」としての事前確率を設定することでした。

　それでは、このような発想は、ベイズ統計学に固有のものなのでしょうか。実はそうではないのです。ネイマン・ピアソン統計学にも、共通する発想が使われています。本講では、そのことを明らかにします。とりわけ、その共通の発想を理解すれば、ベイズ統計学の事前確率について、多くの人が持つ違和感が、多少はやわらぐことになるでしょう。

8-2　多くの学問で使われている「最尤原理」

　スタンダードな統計学とベイズ統計学に共通する発想とは、「最尤原理」と呼ばれる考え方です。
　「最尤原理」というのは、簡単に言うと、「**世の中で起きていることは、起きる確率が大きいことである**」という原理のことです。

　例えば、現象Ｘか現象Ｙのどちらかを起こす原因として、ＡとＢの２つの原因が考えられるとしましょう。原因がＡの下では、現象Ｘが現象Ｙより圧倒的に大きい確率で起きるとします。逆に、原因がＢの下では、現象Ｙのほうが現象Ｘより圧倒的に大きい確率で起きるとします。さて、今、現象Ｘが観測されたとしましょう。このとき、原因はＡとＢのどちらでしょうか。
　もちろん、可能性としては両方考えられます。しかし、**どちらかと言われれば、Ａのほうが原因であろう**、と考えるのが妥当でしょう。そして、まさにこう考える発想こそが、最尤原理なのです。

　このような考え方を、私たちは日常生活でもしばしば使っています。例えば、誰かが忘れ物を置いていって、それはＡさんかＢさんかどちらかと思われるとします。Ａさんは、忘れ物をよくする人で、Ｂさんはあまりしない人としましょう。このとき、普通は、忘れ物はＡさんのだな、と推論するでしょう。

　このように、最尤原理は私たちの思考法にとてもなじむものです。したがって、この原理は、多くの学問分野で利用されています。とりわけ顕著なのは、物理学の中の統計物理です。統計物理では、この最尤原理を用いて、さまざまな物理現象を解明しています。

8-3 ベイズ推定は最尤原理にもとづいている

さて、ベイズ推定がこの最尤原理を使っていることは、簡単にわかります。

第6講でのツボの推定を思いだしましょう。ツボAからは大きい確率で白球が観測されます。ツボBからは大きい確率で黒球が観測されます。今、黒球が観測されたのだから、「ツボはBであろう」という判定を下しました。このことは、**結果の確率を最も大きくする原因を選んでいる**わけですから、まさに最尤原理そのものです。ところで、第7講で、この推定の仕方は、ベイズ推定の仕組みと全く同じであることを説明しました。

実際、**図表7-4**をもう一度見てみましょう。事後確率を導くときに本質的だったのは、(A&黒球)の確率と(B&黒球)の確率の比較でした。その比が、AとBの事後確率の比(1：8)となったのでした。そして、後者のほうが圧倒的に大きい確率であることから、「Bのツボであろう」という結論が導かれたわけです。これは、黒球という現象が観測される確率を大きくする原因Bが選ばれたことと同じです。つまり、最尤原理が用いられたというわけです。

図表7-4　2つの可能性が消滅

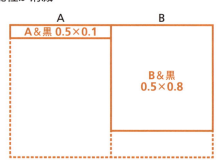

第3講で「理由不十分の原理」を使ったベイズ推定の例を振り返ると、
- 事後確率は、(事前確率) × (条件付確率) に比例

となっています。したがって、事前確率が大きいか、条件付確率が大きい原因が選ばれやすくなります。これはまさに最尤原理そのものです。

8-4 ネイマン・ピアソン統計学も最尤原理にもとづいている

それでは、スタンダードな統計学(ネイマン・ピアソン統計学)にも、最尤原理は関係あるのでしょうか。実は、推定そのものではなく、**「統計的推定の根拠付け」に取り入れられている**のです。

「統計的推定の根拠付け」とは、統計学で何かの推定を行うとき、**「どうしてそう考えるのか」「そう考えることが、どういうメリットをもたらすのか」**を説明することをいいます。ここでは、**「点推定」**と呼ばれる統計的推定を例にして解説しましょう。

いま、1日に1回、起きるか・起きないか、どちらかであるような現象を考えます。例えば、「お客の総数が100人を超える」のような現象です。現象の起きる確率を p とします。当然、起きない確率は $1-p$ となります。この現象に関して、10日間にわたって観測を行ったところ、10日のうちの4日間で起きて、残りの6日間では起きなかったとしましょう。このとき、確率 p はいくつと推定したらよいでしょうか。

これについて、最も自然なのは、「10日のうちの4日に起きたのだから、確率 p は $4 \div 10 = 0.4$ であろう」と推定することでしょう。これは、統計学の立場から言うと、「起きた回数の平均値」を求め、それを p の推定値としたのと同じです。実際、起きたことを数値1で表し、起きなかったことを数値0で表すなら、観測値は、1が4個、0が6個となります。これらを加えて全回数の10で割れば、平均値は0.4です。

疑問になるのは、「なぜ、起きた回数の平均値を、現象の起きる確率 p の推定値とするのか」ということです。よくよく考えると、「何回中の何

回に起きた」ということと「起きる確率」ということが直接結びつくわけではありません。実は、この理由付けに、最尤原理が使われているのです。

ここで、起きる確率が p の現象について、「10回のうちちょうど4回、この現象が起きる確率」Lを p の式で表してみます。計算の仕方は、第10講で解説しますので、ここでは結果のみを与えましょう。

（10回のうち、ちょうど4回、この現象が起きる確率）L

$= 210 \times p^4 \times (1 - p)^6$

となります。そこで、確率 p を変化させていったときに、この確率Lがどのくらいの数値になるかを、表計算ソフトで計算してみましょう。確率 p を横軸に、確率Lの数値を縦軸にして、上の関数をグラフにしたものが**図表8-1**です。

図表8-1 確率Lの数値

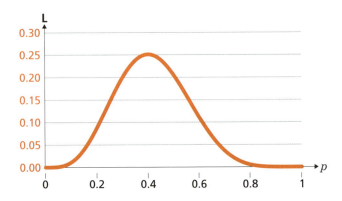

例えば、$p = 0.2$ のときは、$210 \times 0.2^4 \times 0.8^6$ を計算するとL＝約0.088になり、それは0.2のところのグラフの高さになっています。これを見ると、$p = 0.4$ でLの値が最も大きくなっているのが見てとれるでしょう。つまり、平均値である0.4を p と設定した場合に、観測された結果（10回のうち4回起きた、という結果）の確率Lが最も大きくなるのです。

これによって、通常の統計的推定では、p を 0.4 だと推定します。そして、0.4 を p の「**最尤推定量**」と呼ぶのです。ここに最尤という言葉が使われていることでも、この方法に最尤原理が用いられていることは明白でしょう。実際、原因が $p = 0.2$ のときは結果 L の確率は L ＝ 約 0.088 で、原因が $p = 0.4$ のときは結果 L の確率は L ＝ 約 0.25 ですから、結果の確率を大きくする $p = 0.4$ のほうがもっともらしいと考えているわけです。

最尤推定量が平均値になったのはこの例だけの偶然ではありません。

N 回観測して x 回起きている場合の最尤推定量が $x \div N$ になることが簡単に証明できます（微分法を使います）。つまり、**最尤原理は平均値という統計量と結びついている**、ということなのです。

ここで、確率 p を動かすということは、現象の起きる原因（タイプ）に事前分布を設定し、それを変化させているのととても似ています。したがって、この最尤推定量という考え方は、ベイズ推定の発想と共通するものだと理解できます。

このように、最尤原理を架け橋にすれば、スタンダードな統計学とベイズ統計学に通底する**共通の思想が存在する**ことがわかります。

第8講のまとめ

❶ 最尤原理とは、観測された現象の起きる確率が最も大きくなる原因を採用する、という原理。

❷ ベイズ統計学の事前確率は、最尤原理の1つの応用と考えられる。

❸ スタンダードな統計学の点推定では、観測された現象の確率を最大にする関数を推定値として採用する。これは、最尤原理の1つの応用である。

❹ 通常の統計学とベイズ統計学は、最尤原理が共通する思想となっている。

練習問題

画びょうを投げ、針の側が上を向くか、平らな面が上を向くかを実験した。3回投げた結果、針の側が上になったのが2回、平らな面が上を向いたのが1回だった。最尤原理を前提として、次の（　）を埋めよ。

針の側が上になる確率を p とおく。このとき、

（針の側が上になったのが2回、平らな面の側が上を向いたのが1回となる確率）
$= 3p^2 \times (1-p)$

となる。このとき、$p = 0.4$ と $p = 0.7$ とどちらがありえそうかを判定する。
仮に $p = 0.4$ とすると、

（針の側が上になったのが2回、平らな面の側が上を向いたのが1回となる確率）
$= 3(\quad)^2 \times (\quad) = (\quad)$ ……❶

仮に $p = 0.7$ とすると、

（針の側が上になったのが2回、平らな面の側が上を向いたのが1回となる確率）
$= 3(\quad)^2 \times (\quad) = (\quad)$ ……❷

ここで、❶と❷では（　）のほうが大きいので、最尤原理では、どちらかと言われれば、$p = (\quad)$ のほうがもっともらしいと判断する。

第9講

ベイズ推定はときに直感に大きく反する❷
モンティ・ホール問題と3囚人の問題

9-1 ベイズ逆確率のパラドクス

　第5講から第8講では、確率的推論としてのベイズ推定が、どんな論理構造を持っているかについて、やや哲学的な色合いの解説をしてきました。そのしめくくりとして、この講では、ベイズ推定にまつわるパラドクスについてお話しすることにしましょう。

　ベイズ推定は、よく知られた（高校生が教わる）確率の公式を用いているだけですから、そんなに突飛なものではありません。しかし、利用している事前確率に主観性が絡む、という意味では、**数学と哲学との境界線上の理論**だということができます。その証拠に、特殊な設定の中でベイズ推定を使うと、私たちの常識的な感覚に反するような結果が導かれます。それは、あたかもパラドクス（逆理）のようにも見えるものです。

　そこで、本講では、ベイズ推定にまつわる2つのパラドクスを紹介し、それによって通常とは逆の方角からベイズ推定に関する感覚を身につけてもらおうと思います。

9–2 パラドクス❶ モンティ・ホール問題

モンティ・ホール問題は、ベイズ推定にからんだパラドクスとして最も有名なものです。以下のような問題設定になっています。

> モンティ・ホール問題
> あなたは3つのカーテンA、B、Cの前に立っている。3つのカーテンのどれか1つの裏に賞品の自動車が隠されている。あなたは3つのカーテンの1つを選び、そこに自動車が隠されていれば、その自動車をもらうことができる。さて、あなたがカーテンAを選んだとき、選ばれなかったカーテンのうちのBを司会者が開いてみせて、「ここには自動車はありません」という。そして、「残るカーテンは、あなたの選んだAと、私が開かなかったCの2つです。あなたは今ならまだ、選ぶカーテンを変えることができますが、どうしますか？」と訊ねた。あなたはCのカーテンに選び変えるべきか？

この問題は、アメリカのテレビ番組で実際に視聴者参加のゲームとして行われていたものを素材としたもので、それゆえ、司会者であるモンティ・ホール氏の名前で呼ばれています。なぜモンティ・ホール「問題」とか、あるいは、モンティ・ホール「パラドクス」と呼ばれるか、というと、その答えが意外だからなのです。

実際、この問題において「正しい」とされている解答は、「**カーテンを選び変えるべき**」というものです。その理由は、「**カーテンCの裏に自動車が隠されている確率がAより大きくなるから**」です。

しかし、多くの人は、「1つのカーテンが開けられ、自動車の隠された可能性のあるカーテンが2つになったのだから、どちらに自動車が隠さ

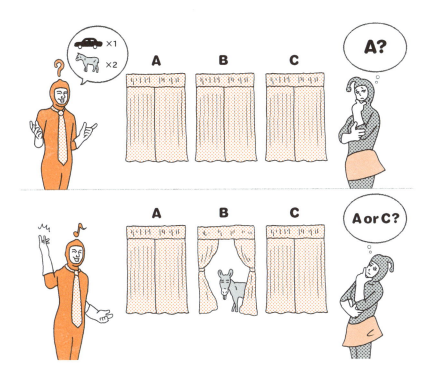

れているかは五分五分であり、どちらを選んでも確率は変わらない」と考え、この解答に異論を表明します。実際、アメリカでは、この解答をめぐってひと騒動が起きました。

その「正しい」とされる解答を紹介するのはあと回しとして、先にもう1つのパラドクスのほうを紹介することとしましょう。

9-3 ｜パラドクス❷｜3囚人の問題

次に紹介する3囚人の問題は、モンティ・ホール問題のバージョン違いのような問題です。

3囚人の問題

3人の囚人、アラン、バーナード、チャールズがいる（名前の付け方は、A、B、Cと略記できることに由来している）。3人のうち2人は処刑され、1人は釈放されることが全員に知らされているが、誰が釈放されるかについては知らされていない。このとき、アランは、看守に次のようなことを持ちかけた。「3人のうち2人は処刑されるのだから、自分ではないバーナードかチャールズか、どちらかは確実に処刑される。だから、そのどちらが処刑されるかを教えてもらっても、私の利益にはならないはずだ。どちらが処刑されるか教えてくれないか」。これを聞いた看守は、アランの主張をもっともだと納得して、「バーナードが処刑される」と教えた。すると、アランはほくそえんだ。なぜなら、次のように考えたからだ。「何も知らないうちは、私が釈放される確率は3分の1だった。しかし、バーナードが処刑されると知った今、自分とチャールズの一方が処刑され、他方は釈放される。したがって、私が釈放される確率は2分の1に上昇した」と。

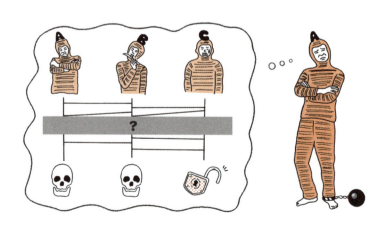

　この3囚人の問題が、モンティ・ホール問題と同じ構造の問題であることはわかるでしょうか。アランをカーテンA、バーナードをカーテンB、チャールズをカーテンCと読み替えて、釈放される人をカーテンの裏に自動車が隠されていることと対応させてみましょう。看守が、バーナードが処刑されると教えてくれたことは、司会者がBのカーテンを開けて、自動車がないことをみせたことにあたります。このとき、Aのカーテンの裏に自動車があることが、アランが釈放されることに対応します。

　この3囚人の問題がパラドクスとも呼ばれるゆえんは、アランの理屈に多くの人が釈然としない気持ちになるからです。看守がアランでない処刑される人の名前を教えてくれただけで、アランが釈放される確率が上昇する、あるいは、処刑される確率が減少するのは、なんだか変だと感じるものです。実際、処刑されるのがチャールズだと教えられても、結果は同じです。すると、処刑される名前を教えてもらう必要などなく、アランは自分の釈放される確率を2分の1と推定できることになってしまいます。

　ここで大事なことは、モンティ・ホール問題と3囚人の問題は、表裏の関係になっている、ということです。つまり、一方の解答に納得できないなら、他方の解答には納得しなくてはならないのです。

9-4 どちらの問題も本質的には同じである

　どちらの問題でも、ポイントになるのは、**情報の入手によって確率が変化する**、ということです。「情報で確率は変化する」ことの例は、これまでベイズ推定の極意としてずっと解説してきました。事前確率と事後確率がそれを示すものでした。かたや、この2つの問題では、その情報による確率の変化が多くの人の直観に反する形で利用されているのです。

　モンティ・ホール問題では、ゲームの参加者がカーテンAを選んだとき、カーテンAの裏に自動車が隠されている確率は3分の1であることは誰もが認めるでしょう。したがって、司会者がカーテンBを開けてみせて、そこに自動車がないことを知ったとき、自分の選んでいるカーテンAの裏に自動車がある確率が変化するのか、それとも同じなのか、それが問題となっているわけです。ここには次の2つの考え方がありうるでしょう。

考え方その1：カーテンAとカーテンCの2つに1つとなったのだから、確率は五分五分となる。したがって、カーテンAに自動車が隠されている確率は3分の1から2分の1に上昇する。
考え方その2：カーテンBに自動車がないことを知っても、カーテンAに自動車のある確率は変化しない。したがって、その確率は3分の1のままである。これはカーテンCに自動車のある確率が3分の1から3分の2に上昇したことを意味する。

　この2つの考え方のうち、多くの人は、考え方その1に与(くみ)するというわけです。ポイントは、確率が変化するのは、両方かCだけか、ということです。Bの可能性の消滅によって、AとCの確率の少なくとも一方が変化しなくてはならないのは当然のことですが（正規化条件です）、そ

れは一方なのか両方なのか。

　同じことを3囚人の問題で議論してみましょう。アランが看守に処刑についての情報を求めた際の理屈には、「バーナードかチャールズについて、どうせ、どちらか一方は処刑されるのだから、処刑されるほうの名前を教えても私には利益がない」ということでした。この「私には利益はない」とは、「自分についての確率は変化しない」という意味だと捉えることができるでしょう。このことを踏まえ、上記の2つの考え方を当てはめてみます。

考え方その1：釈放されるのは、AとCの2人に1人となったのだから、確率は五分五分となる。したがって、Aが釈放される確率は3分の1から2分の1に上昇する。
考え方その2：Bが処刑されると知っても、Aが釈放される確率は変化しない。したがって、その確率は3分の1のままである。これはCが釈放される確率が3分の1から3分の2に上昇したことを意味する。

　アランは、考え方その2を根拠に看守から情報を聞き出し、自分では考え方その1をあてはめて喜んだわけです。
　以上でわかると思いますが、もしも多くの人が、モンティ・ホール問題で考え方その1に与するなら、3囚人の問題でも考え方その1を採用して、アランのように喜ばなくてはなりません。逆に、3囚人の問題でアランが喜んだ理屈を変だと思うなら、考え方その2に与していることになるので、モンティ・ホール問題においても、カーテンを選び変える戦略をとらねばならないことになります。

　さて、多くの文献では、考え方その2が正しい、とされているようです。その説明として多いのは、「**選択者自身について確率は変化せず、選択者**

の関与していない側の確率が変化する」、とするものです。これを説得する理屈としてなるほどと思わせるものとして、ウェブ等に次のような説明がよく見かけられます。

　今、宝くじ全部の中からあなたが1枚を選んだとします。そして、司会者が、残った膨大な宝くじから1枚を残して、他のすべてを破り捨てて、「私が今破ったくじには、1等はありません」と言ったとしましょう。あなたは、残った1枚に選び変えるべきか、それとも自分の選んだ1枚をそのまま保持すべきか。
　このシチュエーションだと、「選び変えたほうがよい」と多くの人が考えるに違いありません。なぜなら、あなたが最初に1枚を選んだ時点で、1等のくじがあなたの選んだくじである確率は非常に低いでしょう。他方、司会者の手にある膨大な宝くじのほうに1等のくじがある確率は圧倒的に大きいでしょう。それが今や、司会者の手中の1等でないくじだけが破り捨てられ、残りは1枚になったのですから、その残った1枚は圧倒的に1等の可能性が高いと推察できるからです。
　この理屈によれば、情報によって確率が変化するのは、あなたの選んだ側ではなく、あなたが選ばなかった側だということになります。
　非常にもっともらしい説明だとは思いますが、筆者はこの説明からモンティ・ホール問題を解くことには納得しません。なぜなら、これはカーテンの数を極端に増やしたモデルであり、最初の3カーテン選択の問題とは異なるモデルだからです。言ってみれば、「たとえ話のたぐい」にすぎず、科学的な議論とは言えません。そもそも、ここで扱っている確率は主観的なものであり、伝統的な科学に依拠するという立場での正解というのは存在しません。なぜなら、あなたが1枚選んだ時点で、そのくじが1等かそうでないかは決定しており、**変化するのは「あなたの主観的な推測の値」**のほうだからです。主観であり、解答は唯一とは限らないでしょう。

以下では、主観確率についての代表的な理論であるベイズ推定を使って、この問題へアプローチすることにしましょう。

9-5 ベイズ推定でパラドクスにアプローチする

それでは、ベイズ推定を使ってアプローチしてみることにしましょう。どちらを解いても同じなので、モンティ・ホール問題のほうを解いてみることにします。

まず、タイプと事前確率を設定します。

A、B、Cをそれぞれ、「カーテンAに自動車」、「カーテンBに自動車」、「カーテンCに自動車」の略記としましょう。そのいずれかがあなたが直面している世界ですから、世界は3つの可能世界に分岐します。事前確率はすべて対等に3分の1ずつに設定するのが自然でしょう（**図表9-1**）。

図表9-1 理由不十分の原理による事前分布

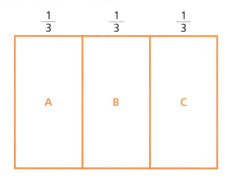

問題は、次に条件付確率をどう設定するかです。あなたがAのカーテンを選んだ際に、司会者がBとCのどちらを開けるかについて、条件付

確率を決めなければなりません。これに関する標準的な設定は、次のようなものです。

> **条件付確率の設定**
>
> もしもAに自動車があるなら、司会者はBとCを対等の確率で、つまり、確率2分の1ずつで開ける。もしもBに自動車があるなら、Cを確率1で開ける。もしもCに自動車があるなら、Bを確率1で開ける。

この設定を受け入れて、Bを開けることを「開B」などと表すことにすれば、条件付確率を導入した図は次のように4つに分岐した世界になります（**図表9-2**）。

図表9-2 条件付確率の設定

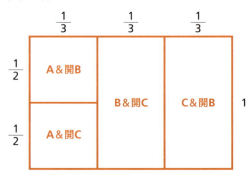

さて、ここであなたは、司会者のBを開けた行為（開B）によって、Bに自動車がないことを知りました。つまり、Cを開かなかったわけですから、(A＆開C)と(B＆開C)の2つの世界が消滅しました。したがって、残った図は次のようになります（**図表9-3**）。

図表9-3　ありえない世界の消去

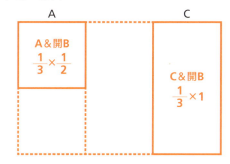

この図から、正規化によって事後確率を求めると、

（Aである事後確率）：（Cである事後確率）
$= \frac{1}{3} \times \frac{1}{2} : \frac{1}{3} \times 1$
$= 1 : 2$
$= \frac{1}{3} : \frac{2}{3}$

これから、自動車がAのカーテンの裏に隠れている確率は3分の1で、Cのカーテンの裏に隠れている確率は3分の2となります。したがって、この推定結果を信じるのなら、あなたは別のカーテンに選択を変えるべし、という結論になるわけです。

　3囚人の問題で同じモデルによってベイズ推定を行えば、アランが釈放される確率は3分の1、チャールズが釈放される確率は3分の2となります。

　この結果を**哲学的に解釈する**なら、「**司会者や看守が質問者に関与する情報を与えないようにしているため、質問者についての事後確率は変化しない**」という感じになるでしょう。しかし、これは「解釈」あるいは「印象」の域を出ず、本当かどうかについての判断は難しいことに違いありま

せん。あくまで哲学的な解釈ということです。

9-6　モデルの設定自体で結論は変わる

　それでは、モンティ・ホール問題では、「選択を変えるべき」という結論は鉄板のように固い結論でしょうか。実は、筆者はそう考えてはいません。Aの事後確率が3分の1で、Cの事後確率が3分の2である、という結果は、当然ながら、**モデルの設定に依存している**からです。

　もちろん、事前確率でA、B、Cすべてに3分の1を割り当てたことには異存はありません。問題は、**司会者が開けるカーテンについての条件付確率の設定に恣意性がある**、ということです。「恣意性」という言葉が批判的に聞こえるなら、「モデルをどう設定するか」と言い換えてもよいです。

　前節のモデルでは、カーテンAの裏に自動車が隠されている場合に、司会者は五分五分の確率でBまたはCを開ける、としていました。しかし、こう判断しなければならない、という根拠はありません。実際、カーテンCの裏に自動車が隠されている場合は、司会者はカーテンBを開ける以外に選択の余地はありませんから、すぐさまカーテンBを開けるでしょう。しかし、カーテンAの裏にある場合には、選択肢がB、Cと2つあるため、どちらを開けたらよいかについて司会者に一瞬迷いが生じても不思議ではないです。その一瞬の迷いの様子を、ゲーム参加者が見とがめれば、ゲーム参加者はそれをヒントに自動車のありかを知ることができます。司会者がこれを避けるには、「どこに自動車があるかでどのカーテンを開けるかを事前に決めておき、それを練習しておく」というのが得策でしょう。

　例えば、「ゲーム参加者がカーテンAを選んだ場合、Aに自動車が隠されているときは、Bを開ける」とあらかじめ決めておいたとしましょう。そうすると、図表9-2は次のように描き変える必要があります（**図表9-4**）。

図表9-4　条件付確率の設定

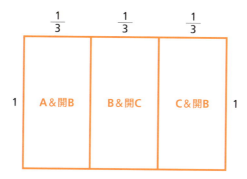

このように条件付確率を割り振るモデルを考えた場合、結論は異なります（**図表9-5**）。

図表9-5　ありえない世界の消去

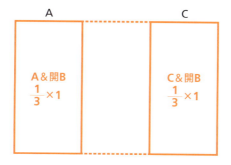

図表9-5を見ればわかる通り、AとCの事後確率は対等になりますから、どちらも2分の1となります。これは、考え方その1の結論と一致しています。

このモデルに、次のような批判をすることは可能です。「ゲーム参加者

がカーテンAを選んだ場合、Aに自動車が隠されているときは、Cを開ける」というモデルだって設定可能であろう。この場合は、逆に絶対にCに選択を変えるべきだ、と。この批判を深刻に受け止めるならば、どちらであるか判断できないのだから、やはりBとCを対等に扱うべき、と考えたほうがよいかもしれません。しかしこれは、**「理由不十分の原理」を条件付確率まで拡張するような考え方**で、通常のベイズ推定からはみだした推論となるでしょう。

　要は、**確率的推論というのは、あくまで確率現象の仕組みをどのように想像するか、という「主観」に依存するので、モデルの立て方によって結論は異なる**、ということです。したがって、確率的推論について、「正しい推論」というものは存在しない、と言えます。あるのは、せいぜい「妥当な推論」というものです。これは、ベイズ統計学についてだけではなく、スタンダードな統計学（ネイマン・ピアソン統計学）でも同じです。

第9講の まとめ

❶ モンティ・ホール問題と3囚人の問題は、同じことを別の形式で述べたもの。

❷ 一方を変だと思うなら、他方は受け入れなければならない。

❸ どちらの問題にも、ベイズ推定で解答することができる。

❹ 結論はモデルの設定（確率現象をどう想像するか）に依存するから、正解というものはない（と筆者は考えている）。

練習問題

モンティ・ホール問題を、カーテンを 4 つにして、ベイズ推定で解いてみよう。以下のカッコを適切に埋めよ。

あなたが A のカーテンを選んだ場合、世界の分岐は下のような 9 個となる

	車はA $\frac{1}{4}$	車はB $\frac{1}{4}$	車はC $\frac{1}{4}$	車はD $\frac{1}{4}$	
$\frac{1}{3}$	A＆開B	B＆開C	C＆開B	D＆開B	$\frac{1}{2}$
$\frac{1}{3}$	A＆開C				
$\frac{1}{3}$	A＆開D	B＆開D	C＆開D	D＆開C	$\frac{1}{2}$

ここで、司会者がカーテン B を開いたとしよう。

このとき、

(A＆開B) の確率＝（　　）×（　　）＝（　　）
(C＆開B) の確率＝（　　）×（　　）＝（　　）
(D＆開B) の確率＝（　　）×（　　）＝（　　）

すると、これらを正規化条件を満たすようにすれば、情報「B が開けられた」の下での事後確率は、

(A に車がある事後確率)＝（　　）
(C に車がある事後確率)＝（　　）
(D に車がある事後確率)＝（　　）

よって、あなたはカーテンを移動（　　）ほうがよい。

column 「ツキ」についての2つの法則

　多くの人は「ツキ」について何らかのジンクスを信じているものです。「茶柱が立つと吉」、「四葉のクローバーを見つけると幸せになる」、「下駄の鼻緒が切れると不吉」など。このような「ツキ」に対して、実は、2つの典型的な考え方があります。第一は「ツキ一定の法則」で、第二は「ツキがツキを呼ぶ法則」です。

　前者は、「ツキというのは一定量しかなく、よいことが続けばそれが枯渇し、次には悪いことが起きる」という考え方です。ツボで例えると、「一定数の白球（よいできごと）と黒球（悪いできごと）の入ったツボから球を取り出すとき、白球が続けば白球は減り、その後は黒球を引きやすくなる」というわけです。

　かたや後者は、「ツイているときはよいことが一定期間続く」という考えです。これこそまさに、ベイズ統計学的な発想と言えます。第7講の例そのものですが、ツボは2つあり、ツボAは白球が黒球より多く入ったツボ、ツボBはその逆のツボと考えてみましょう。人はツボAかBかどちらか一方を持っており、そこから球を取り出して運命を決めているが、どちらのツボを持っているかわからないとします。したがって、取り出した球からどちらのツボかを推理するしかありません。第7講で説明したように、白の球を取り出すことはAのツボである疑いを強め、黒い球を取り出すことはBのツボである疑いを強めます。すると、白い球を取り出した事実は、次に取り出すのも白い球である可能性が高いことを示唆し、まさに、「ツキがツキを呼ぶ」ことを意味する、というわけです。

　「ツキ」に対して、どちらのスタンスをとるかで、やるべきことは変わります。前者なら、よいことが起きたあとは守りに入るべきだし、後者なら逆に攻めに出るべきだからです。

第10講

複数の情報を得た場合の推定❶
「独立試行の確率の乗法公式」を使う

10–1 複数の情報からベイズ推定を行う

これまでの講において、ベイズ推定を行なうモデルでは、情報の入手は1回だけとしていました。例えば、第1講では、目の前の客の声かけがある・なしの情報、第2講では、1種類のガン検査のみの情報、第3講では、同僚女性がチョコをくれた・くれないの情報、第4講では、1人目の子供の性別の情報、という具合に、どれも情報は1個でした。

しかし、**推定というのは一般に複数の情報から行われる**ものです。したがって、複数の情報を得たときの推定の方法を理解する必要があります。さらには、ベイズ推定は、複数の情報を得たときの推定に関して、非常に重要な性質を備えています。ですから、本講から4講にわたって、**複数の情報を得た場合の推定**についての解説をしていきましょう。

10–2 2種類の試行を組み合わせるには

直面している現象の帰結に複数の可能性があって、それぞれの可能性に

確率を割り振ることができるような場合、その現象のことを**「試行」**と呼びます。今までは、単に「情報」と呼んでいましたが、ここからは「試行」という用語も用います。例えば、サイコロを投げ、出る目を見ることは「試行」です。また、明日の天気が晴・曇・雨・雪の４つの帰結のどれになるかを見ることも「試行」です。

ここで、試行が２種類あるとき、その２種類をひとくくりとしたものを別の試行と見たら、その帰結それぞれの確率はどうなるか、について考えましょう。

わかりやすさを優先して、非常に人工的なものを例とします。

第一の試行は、均整のとれたコインを投げて表・裏を帰結とする確率現象です。第二の試行は、均整のとれたサイコロを投げて出る目を帰結とする確率現象です。この第一の試行の帰結と第二の試行の帰結を組にすると、新しい第三の試行が作れます。例えば、第一の試行の帰結が「表」で、第二の試行の帰結が「４の目」の場合は、組として「表＆４」という第三の試行の帰結が得られます。このような試行を**「直積試行」**と呼びます。この直積試行の帰結は、図表 10-1 のように、２×６＝ 12 通りになります（**図表 10-1**）。

直積試行の帰結を図のように格子状に表記します。ここで「格子状」というのは、横に見ると１から６まで並び、縦に見ると表・裏という順に並んでいることを意味しています。このように、**直積試行の帰結を格子状に描くのには大きな意味があります。確率を計算しやすくなる**からです。ちなみに、「直積」という数学用語は、このように格子状に並べて組を作ることを意味する言葉です。

図表10-1 2つの試行の組を作る

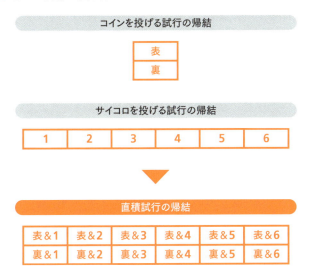

10-3 独立した直積試行の確率はかけ算で得られる

次に、2つの試行の独立性について説明しましょう。

「**2つの試行が独立**」というのは、簡単に言うと、「**一方の試行の帰結が、他方の試行の帰結に影響を与えない**」ということです。例えば、前節で提示した「コイン投げ」の試行と「サイコロ投げ」の試行では、コインが表になることがサイコロの目の出方に影響を与えるとは考えられませんし、サイコロで4の目が出ると推測することが、コインの裏表に関する推測結果に影響を与えることなど常識的にはありえないでしょう。つまり、「コインの表裏」と「サイコロの目」は無関係だと直観されます。これが「**試行の独立性**」です。

では、「独立でない2つの試行」とはどんなものでしょうか。例えば、「東

京都の明日の天気」という試行と「神奈川県の明日の天気」という試行は、「無関係」とは考えられないでしょう。東京都と神奈川県は隣り合った地域なのだから、「東京都の明日の天気」の帰結が「雨」であると推測すれば、「神奈川県の明日の天気」も雨である可能性が非常に高いと推測するのが自然です。そして逆に、「神奈川県の明日の天気」が「雪」と推測するなら、「東京都の明日の天気」も「雪」となる可能性は普通より大きいと推測するでしょう。これは2つの試行が独立でない場合のわかりやすい例です（専門的には「**従属な試行**」といいます）。

　ただ、「試行の独立性」をこのように「互いに影響を与えない」とか「無関係」とか定義してしまうのは、うまい手ではないのです。なぜなら、一方の試行が他方の試行に影響を与えるとか、与えないとかをどのような数学的計算で記述してよいかわからないからです。そこで、**一方が他方に影響を与えない、ということと直感的には同じことを意味するであろう数学的な計算によって、独立性の定義とします**。それは次のようです。

　先ほどのコイン投げの試行と、サイコロ投げの試行を再度持ち出しましょう。
　サイコロ投げで1の目が出る確率は6分の1です。他の目についても同様です。ここで、コイン投げの試行とサイコロ投げの試行を組にした直積試行（図表10-1）に再度注目します。この直積試行において、仮に「表」という場合だけを抜き出したなら、サイコロの各目の出る確率はどうなるでしょうか。もしも、1の目が出やすくなる（確率が6分の1より大きくなる）とすれば、「表」というコインの帰結がサイコロの目の出方に影響を与えた、と考えられます。
　したがって、「表」という帰結がサイコロの目の出方に影響を与えないなら、「表」の場合だけを抜き出した場合でも、やはり、サイコロの目が対等に出ることでしょう。これを、格子状の図で解釈するなら、「表」だ

けを抜き出した上段の6個の長方形の面積(それは確率を表している)は、みな同じでしょう(**図表10-2**)。同じことが「裏」に関する下段の6個の長方形の面積についても言えます。

図表10-2 独立試行における面積

この段階では、まだ、上下の長方形の面積が同じだとはわかりません。しかし、今度は、サイコロの目が「6」である組を抜き出した場合に、それがコインの「表」「裏」に影響しない、という点を考えれば、右端の上下の2個の長方形の面積が同じだとわかります。以上のことから、**格子状に並んでいる12個の長方形の面積はみな同じ**だと判明しました。

すると、各試行(コインとサイコロを組にした試行)の帰結の確率を表す長方形の面積は、どうなるでしょうか。正規化条件から合計が1になることを考えると、各長方形の面積は、$\frac{1}{12}$だとわかります。長方形がなぜ12個かを思い出せば、それがコインの帰結の2通りとサイコロの帰結の6通りを掛けたものだからです。すると、次のような変形ができます。

(長方形の面積)
$= \frac{1}{12}$
$= \frac{1}{2} \times \frac{1}{6}$
$=$(コインの1つの帰結の確率)×(サイコロの1つの帰結の確率)

このことを試行の各組について、具体的に書くと、

(表＆1の確率)＝(表の出る確率)×(1の出る確率)

とか、

(裏＆5の確率)＝(裏の出る確率)×(5の出る確率)

などのようになります。

つまり、「**組の確率は、各確率の積になる**」、ということです。

10-4　独立試行の確率の乗法公式

以上をもう少し一般的に記述してみましょう。

前節のコインとサイコロの例では、長方形が完全な均等割りになりましたが、これは特殊ケースです。そうなったのは、「表」「裏」が等確率で、1から6の目も等確率だったからです。ここでは、等確率でない一般的な場合を抽象的に扱ってみましょう。

例えば、第一の試行の帰結がa, b, c, dと4通りあり、第二の試行の帰結がx, y, zと3通りあって、それぞれの起きる確率は同じとは限らないとします。2つの試行が独立である場合、直積試行は、**図表 10-3** のように描くことができます。

ある1行を抜き出して見る(横向きに見る)と、4つの長方形の面積はまちまちになっています。また、ある1列を固定してみると、3つの長方形の面積はまちまちになっています。しかし、ポイントは、1つの行を抜き出して見るときの4つの各長方形の面積の**比例関係**は、どの行でも同じで、1つの列を抜き出して見るときの3つの長方形の面積の**比例関係**は、どの列でも同じになっている、ということです。

1つの行を抜き出して見たときの長方形の面積の比例関係が、第一の試

図表10-3　2つの試行が独立である場合の直積試行

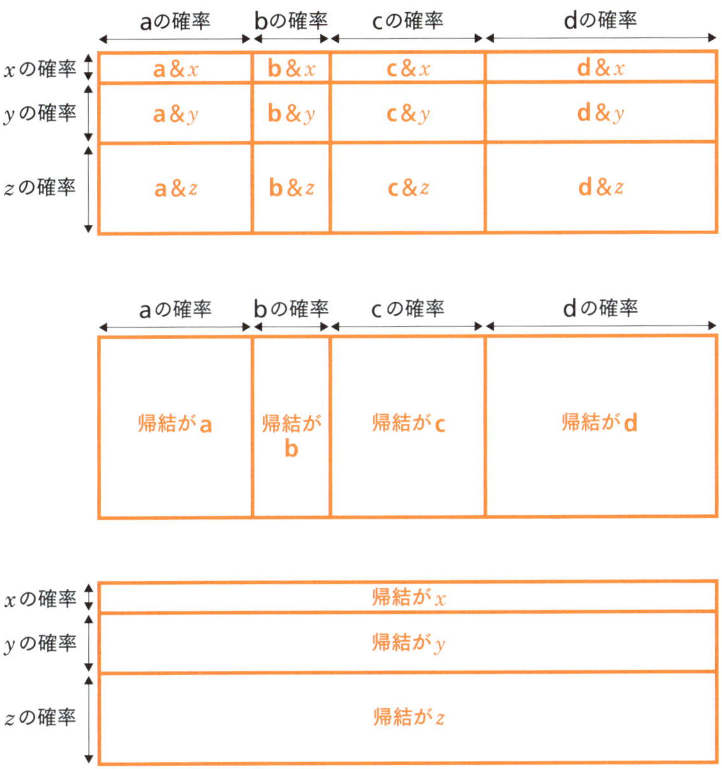

	aの確率	bの確率	cの確率	dの確率
xの確率	a&x	b&x	c&x	d&x
yの確率	a&y	b&y	c&y	d&y
zの確率	a&z	b&z	c&z	d&z

	aの確率	bの確率	cの確率	dの確率
	帰結がa	帰結がb	帰結がc	帰結がd

xの確率	帰結がx
yの確率	帰結がy
zの確率	帰結がz

行の確率の比、すなわち、

　　（aの確率）：（bの確率）：（cの確率）：（dの確率）

となることは、図表10-3の2番目の図のように横線を消してしまえばわかります。4つの長方形は、試行a, b, c, dの帰結の可能世界を表しているからです。

　同様に、1つの列を抜き出して見たときの長方形の面積の比例関係が、

第二の試行の確率の比、

　　　　(x の確率)：(y の確率)：(z の確率)

となることは、3番目の図のように、縦線を消してしまえば明らかです。
　以上のことから、12個に分かれた長方形の横の辺の長さは順に、
(a の確率)、(b の確率)、(c の確率)、(d の確率)
となり、縦の辺の長さは順に、
(x の確率)、(y の確率)、(z の確率)
となるわけです。ここにおいて、面積比が線分比にすりかわることがポイントとなっています。したがって、

　　　　(a & x の確率)＝(a & x の長方形の面積)＝(a の確率)×(x の確率)
　　　　(b & z の確率)＝(b & z の長方形の面積)＝(b の確率)×(z の確率)

以上のようなかけ算の公式を、「**独立試行の確率の乗法公式**」と呼びます。

第10講のまとめ

❶ 2つの試行を組にした直積試行は、長方形を格子状に分割して図示する。

❷ 2つの試行が独立であるとは、直観的には、一方の帰結が他方の帰結の起こりやすさに影響を与えないことである。

❸ 2つの試行が独立のとき、次の確率の乗法公式が成り立つ。
　{(第一の試行の帰結が a で、第二の試行の帰結が x) の確率}
　＝(a の確率)×(x の確率)

練習問題

大小2個のサイコロを投げるとき、確率について以下のカッコを適切に埋めよ。

(1) ｛(大が2の目)＆(小が3の目)｝の確率
　　＝｛(大が2の目)の確率｝×｛(小が3の目)の確率｝
　　＝(　　)×(　　)＝(　　)

(2) ｛(大が偶数の目)＆(小が5以上の目)｝の確率
　　＝｛(大が偶数の目)の確率｝×｛(小が5以上の目)の確率｝
　　＝(　　)×(　　)＝(　　)

第11講

複数の情報を得た場合の推定❷
迷惑メールフィルターの例

11-1 迷惑メールフィルターはベイズ推定にもとづいている

　統計的推定やベイズ推定などの確率的推論は、情報を複数使って行うのが一般的です。そして、情報が多ければ多いほど推論の結果の信憑性が高くなることが期待されます。これからの3講で、複数の情報を使ってベイズ推定を行うやりかたを解説しましょう。ポイントになるのは、前講で解説した「**確率の乗法公式**」です。本講では、2つの情報から事後確率を計算する方法を解説しましょう。

　本講で題材にするのは、**迷惑メールフィルター**です。
　迷惑メールとは、インターネットであやしげな業者から無差別的に送りつけられてくるゴミメールのことです。そして、迷惑メールフィルターというのは、これらのゴミメールを、自動的にそれと判定し、迷惑メールに分類して選り分けてくれる機能のことです。
　実は、この迷惑メールフィルターこそが、ベイズ推定の最も身近な応用として、世の中に広く知られています。現在では、多くのウェブメール・サービスに、迷惑メールフィルターが導入されています。読者の皆さんも、

ウェブメール・サービスを利用しておられるなら、その選り分けの正確さに感心していることと思いますが、この有能な機能を支えるのは、他ならぬ、ベイズ推定なのです。

11–2　フィルターに「事前確率」を設定する

最初に、今までと同じように、事前のタイプを設定し、1つの情報を得たあとの事後確率を求めてみましょう。

ここでは、「あなたが、到着したメールが迷惑メールかどうかを判定する」というのではなく、「コンピューターが、到着したメールを機械的に判定する」という形で解説していきます。

まず、コンピューターは、到着したメールをスキャンする前に、「そのメールが迷惑メールであるか、通常のメールであるか」の各タイプについての事前確率を割り当てます。ここでは、「理由不十分の原理」（47頁）を使って0.5を双方に割り当てましょう。

これは、到着したメールに対して、フィルターが「迷惑メールである確率は0.5であり、通常のメールである確率も0.5である」という評価を下していることを意味しています。ここで、これより信憑性のある確率が知られているならば、その確率を事前確率として設定しておいてもかまいません（**図表11-1**）。

11–3　スキャンする字句とその「条件付確率」を設定する

次に、迷惑メールによく見られる字句や特徴を設定しておきます。ここでは、「他のホームページのURLのリンクが貼ってある」という特徴に注目することとしましょう。これが、コンピューターが迷惑メールだと疑うための検出ポイントとなるわけです。実際、たいていの迷惑メールは、ど

図表11-1 理由不十分の原理による事前分布

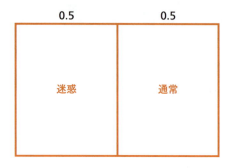

こかのサイトに誘導しようとする意図を持っているので、そのURLのリンクを貼っています。したがって、もしも、次のような確固とした関係、すなわち、

迷惑メール→URLにリンクあり、
通常メール→URLにリンクなし

があるならば、100パーセントの確度で迷惑メールを排除することが可能です。74頁の論理的推論のところで解説したように、

URLにリンクあり→迷惑メール、
URLにリンクなし→通常メール

と逆向きに判定すればよいからです。しかし、残念ながら、迷惑メールなのにリンクを貼ってないものも多少はあるし、友人や職場からのメールであってもリンクが貼ってあることもままあるので、ことは面倒です。このような場合には、75頁に解説した確率的推論における「おおよそ」的な判定を使わなくてはなりません。すなわち、

URLにリンク→おおよそ迷惑メール、
URLにリンクなし→おおよそ通常メール

という具合です。この「おおよそ」を数値評価するのが、ベイズ推定の役割です。

そこで、迷惑メールのどのくらいの割合にURLが貼り付けられていて、通常のメールのどのくらいの割合にURLが貼り付けられているか、ということを設定する必要があります。以下では、計算を簡単にするため、架空の数値を使いましょう（**図表11-2、11-3**）。

図表11-2 リンクが貼ってある条件付確率

タイプ	URLにリンクの確率	リンクなしの確率
迷惑	0.6	0.4
通常	0.2	0.8

図表11-3 4つに分岐する世界

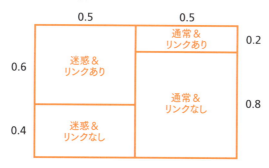

今までに何度も説明しましたが、念のため、図表11-3の解釈をしておきましょう。

今、1通のメールが着信され、それをフィルターが検査しています。フィルターが直面している可能世界は4つに分岐しています。まず、着信さ

れたメールが「迷惑メール」「通常メール」で2つに分岐します。次に、それぞれの世界が、URLの「リンクあり」「リンクなし」で2つに分岐します。都合、4つの可能世界に分岐しており、そのどれが現実であるかを判定しようとしているわけです。

11-4 スキャンの結果、迷惑メールの「ベイズ逆確率」が求まる

さて、メールの文章をフィルターがスキャンした結果、「リンクあり」だったとしましょう。このとき、フィルターにとって、2つの可能世界が消滅し、2つの可能世界だけに限定されます（**図表11-4**）。

図表11-4 可能世界が2つに限定される

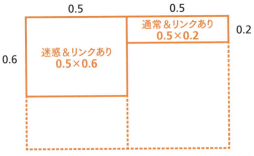

この図から、正規化条件（数値を足して1になる）を回復させれば、以下のように事後確率を求めることができます。リンクありの下で、

（迷惑である事後確率）：（通常である事後確率）
$=0.5×0.6：0.5×0.2$
$=0.6：0.2$
$=3：1$
$=\frac{3}{4}：\frac{1}{4}$

これから、フィルターは、

$$（リンクありの下で迷惑である事後確率）=\frac{3}{4}=0.75$$

と判定することとなります。

　スキャン前は、迷惑である確率を 0.5 と設定していたわけですから、スキャンしてリンクが見つかったことより、迷惑である確率が 0.75 まで上昇したことになります（**図表 11-5**）。

図表11-5　スキャン前とスキャン後

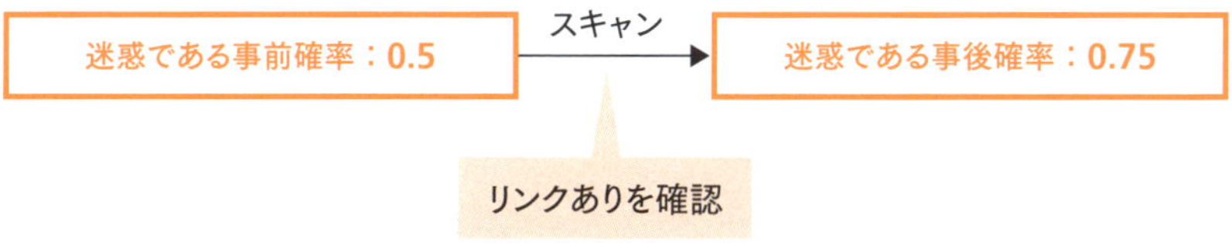

| 迷惑である事前確率：0.5 | →スキャン→ | 迷惑である事後確率：0.75 |

リンクありを確認

　この場合、「通常である事後確率」は 0.25 であって、0 ではありませんから、「**迷惑メールである疑いが濃くなった**」ということであって、「絶対に迷惑メールだ」と判定されたわけでありません。例えば、このフィルターに、「迷惑メールである事後確率が 0.95 より大きくなったら、迷惑メールのボックスに自動的に移動させる」と設計されている場合は、まだこのメールは迷惑メールボックスには移動されず、受信ボックスに配信されることになります。

11-5　2個目の情報で世界は8個に分岐する

　前節では、「リンクあり」という情報からは、迷惑メールの疑いが濃くなっただけで、迷惑メールボックスに移動するほどには強い判定ができません

でした。そこで、フィルターは、他の情報も追加して再判定をします。

今、「出会い」という言葉を検出ポイントとして追加してみましょう。「出会い」という言葉のある・なしの確率は、**図表 11-6** のようになっているとします（架空です）。

図表11-6　リンクが貼ってある条件付確率

タイプ	「出会い」ありの確率	「出会い」なしの確率
迷惑	0.4	0.6
通常	0.05	0.95

このとき、フィルターが、スキャンしているメールに URL のリンクが貼られていることに加えて、「出会い」の言葉も検出した場合の迷惑メールの確率を計算してみましょう。

まず、図表 11-1 で 2 つに分岐した世界は、**図表 11-7** のように、それぞれが 4 個の可能世界に分岐し、都合 8 個の可能世界が現れます。そして、それらの確率は、図表 11-7 の下図のようになります。

迷惑メールの場合と通常の場合とで、別々の確率表が作ってあることに注意してください。なぜそうするかというと、検査しているメールが迷惑メールである場合と、通常メールである場合とでは、直面しているのが全く別々の世界です。そして、迷惑メールの場合と、通常メールの場合では、スキャンしてみる特徴（リンクある・なし、「出会い」ある・なし）の出現する確率が全く異なっていますから、**それぞれ別個に確率を計算しなければならない**からです。

それらの確率を、8 個に分岐した世界に記入すれば、**図表 11-8** のようになります。

図表11-7 リンクが貼ってある条件付確率

4個の可能世界

	「出会い」あり	「出会い」なし
「リンク」あり	「リンク」あり&「出会い」あり	「リンク」あり&「出会い」なし
「リンク」なし	「リンク」なし&「出会い」あり	「リンク」なし&「出会い」なし

迷惑メールの場合

	「出会い」あり	「出会い」なし
「リンク」あり	0.6×0.4	0.6×0.6
「リンク」なし	0.4×0.4	0.4×0.6

通常の場合

	「出会い」あり	「出会い」なし
「リンク」あり	0.2×0.05	0.2×0.95
「リンク」なし	0.8×0.05	0.8×0.95

図表11-8 8つに分岐した世界の確率

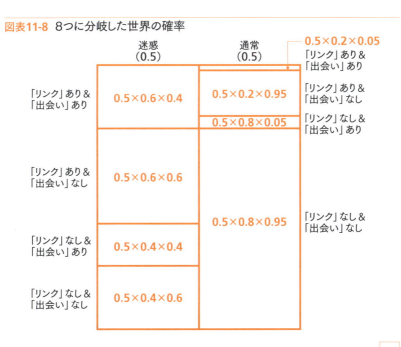

図表 11-8 の左の列（迷惑メールの列）は、図表 11-7 のまん中の確率表と対応しています。右の列（通常の列）は、図表 11-7 の一番下の確率表と対応しています。

　ここで再確認してほしいのは、**タイプの確率 0.5 もかけ算されている**、という点です。ここで、タイプの確率についてもかけ算となるのは、これまでと同じですが、その理由は独立性とは異なります。これは、「条件付確率」についての性質なのですが、これについては第 15 講で解説しますので、今はそういうものとして読み進めてください。

11-6　2つの情報から「ありえないほうの世界」を消去する

　以上の確率設定の下で、フィルターがメールの文面のスキャンによって、「リンク」と「出会い」の両方とも検出した場合、そのメールがどの程度、迷惑メールだと推定されるかを計算してみましょう。図表 11-8 の 8 個に分岐している可能世界のうちの一番上の 2 つだけが現実の可能性として残り、他の 6 個が消滅しますから、**図表 11-9** が得られます。

図表11-9　スキャンによって、2つだけの可能性が残る

　つまり、フィルターが検査しているメールは、「迷惑メール」であって「『リンク』あり・『出会い』あり」か、あるいは「通常メール」であって「『リンク』あり・『出会い』あり」か、そのいずれかということになります。そして、その可能性の比例関係は、図中の 2 つの確率の比となります。

ですから、次のような正規化によって、「『リンク』あり・『出会い』あり」という情報を得た下での事後確率を求めることができます。

（迷惑メールである事後確率）：（通常メールである事後確率）
$= 0.5 \times 0.6 \times 0.4 : 0.5 \times 0.2 \times 0.05$
$= 0.6 \times 0.4 : 0.2 \times 0.05$
$= 0.24 : 0.01$
$= 24 : 1$
$= \frac{24}{25} : \frac{1}{25}$

この正規化の計算から、「リンク」あり・「出会い」ありの下で、

（迷惑メールである事後確率）
$= \frac{24}{25} = 0.96$

と求まることになります。

　仮に、この迷惑メールフィルターが、「迷惑メールである事後確率が0.95を超えたら迷惑メールボックスに自動的にメールを移動する」という設計になっていた場合は、このメールは迷惑メールボックスに配信され、受信ボックスには現れなくなるでしょう。

　以上で行った、2つの情報からのベイズ推定を図式で表すと次のようになります（**図表11-10**）。

図表11-10 スキャン前と2回のスキャン後

　このように、1個の情報を使って判定するより、2個の情報を使って判定するほうが、ずっと迷惑メールの可能性を高い数値で検出できることが見て取れます。

第11講のまとめ

❶ 2個の情報を使ってベイズ推定を行うのは、基本的にこれまでと同じ方法。

❷ 事前確率のタイプ設定が2個の場合、2個の情報を使うと、世界は8個に分岐する。

❸ 8個の世界のそれぞれの確率は、確率の乗法公式を利用して求める。

❹ 1個の情報を使うより、2個の情報を使うほうが、迷惑メールの判定の精度が高くなる。

練習問題

ガン検査の方法が2通りある場合を考える。それを検査1、検査2とし、全く異なる原理の検査方法とする。原理が全く異なるので、ガン患者が一方で陽性となったことが、他方を陽性にしやすくしない、すなわち、独立試行とする。これは健康者の場合も同様である。次のような設定を考える。

＊ タイプの事前確率：ガンの確率は 0.001, 健康の確率は 0.999

▼検査1の条件付確率

タイプ	陽性の確率	陰性の確率
ガンの罹患者	0.9	0.1
健康者	0.1	0.9

▼検査2の条件付確率

タイプ	陽性の確率	陰性の確率
ガンの罹患者	0.7	0.3
健康者	0.2	0.8

以上の設定の下、次のカッコを適切に埋めよ。

(1) 検査1しか実施せず、陽性が出た場合、
　　(ガン&検査1で陽性)の確率
　　＝（　　）×（　　）＝（　　）……(ア)

　　(健康&検査1で陽性)の確率
　　＝（　　）×（　　）＝（　　）……(イ)

　　上記の(ア)と(イ)の比が正規化条件を満たすようにすると
　　(　ア　)：(　イ　)
　　$= \dfrac{(\quad)}{(\quad)+(\quad)} : \dfrac{(\quad)}{(\quad)+(\quad)}$
　　＝（　　）：（　　）

　　検査1で陽性だった下でのガンである事後確率は、
　　(ガンである事後確率) ＝（　　　）

(2) 検査1と検査2を両方実施し、両方で陽性と出た場合、
　　(ガン&検査1で陽性&検査2で陽性)の確率
　　＝（　　）×（　　）×（　　）＝（　　）……(ウ)

　　(健康&検査1で陽性&検査2で陽性)の確率
　　＝（　　）×（　　）×（　　）＝（　　）……(エ)

　　上記の(ウ)と(エ)の比が正規化条件を満たすようにすると、
　　(　ウ　)：(　エ　)
　　$= \dfrac{(\quad)}{(\quad)+(\quad)} : \dfrac{(\quad)}{(\quad)+(\quad)}$
　　＝（　　）：（　　）

　　検査1と検査2、両方で陽性だった下でのガンである事後確率は、
　　(ガンである事後確率) ＝（　　　）

第12講

ベイズ推定では情報を順繰りに使うことができる
「逐次合理性」

12-1 ベイズ推定では、前の情報を忘れてもつじつまが合う

　前講では、迷惑メールフィルターを例にして、2つの情報から事後確率を計算する方法を解説しました。結論だけ言えば、次のような構造になっていました（図表12-1）。

図表12-1　2個の情報によるベイズ推定

　実は、このように続々と入ってくる情報に対する連続的な推定（**逐次的な推定**と言う）には、非常に巧みな性質があることがわかっているのです。それは簡単にいうと、「**情報❶でタイプについての確率を改訂したら、情報❷を使うときには、前の情報❶のことは忘れてしまってもよい**」という性質です。これは、専門的には「**逐次合理性**」と呼ばれるベイズ推定のとても優れた性質なのです。本講では、この性質を前講の迷惑メールフィルターの具体例から解説することとしましょう。

図表12-2 情報❶からの情報によるベイズ推定

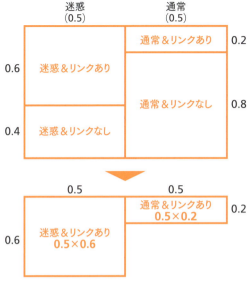

情報❶の下で
(迷惑である事後確率):(通常である事後確率)
＝0.3：0.1＝0.75：0.25

12-2 情報1からの事後確率を「事前確率」に設定する

　まず、前節の最初の推定(「リンクあり」からの事後確率)を振り返っておきます。

　事前のタイプを「迷惑メール」「通常メール」の2つに設定しておき、事前確率をともに0.5としました(理由不十分の原理)。そして、各タイプに「リンクあり」「リンクなし」が観測される確率を導入しました。

　今、スキャンした結果、「リンクあり」が検出され(これを情報❶と呼ぶことにしましょう)、それによって、事後確率を求めると、図表12-1

で言えば、迷惑メールである事後確率❶は4分の3、通常メールである事後確率❶は4分の1と推定されました。

つまり、情報1によって、0.5と0.5だった事前確率が、0.75と0.25という事後確率に改訂（アップデート）されたわけです（**図表12-2**）。

ここで、次のような面白い発想を持ってみましょう。すなわち、**今求まった事後確率をタイプについての事前確率に再設定する**のです。それが**図表12-3**です。

図表12-3 情報❶からの事後確率を事前確率に設定

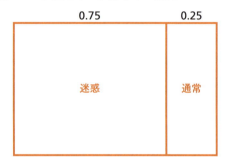

これは、「なぜそうなったかはともかくとして、今、検査しているメールが迷惑メールである事前確率は0.75、通常メールである事前確率は0.25である、という設定になっている」、ということを意味しています。つまり、**理由は忘れてしまったが事前確率の設定がそうなっている**と考える、ということなのです。

これはそれほど無茶な仮定というわけではありません。そもそも**事前確率というのは、根拠なしに設定されているもの**でした。それは、主観としてさえかまわないものでした。したがって、情報❶による推定として得られた事後確率を新しい事前確率として再設定しても、なんら不都合はないわけです。

12-3 情報❷を使ってベイズ更新をする

それでは、図表 12-3 のように再設定されたタイプについての事前確率を使って、第二の情報である「出会い」という言葉の検出(これを情報❷と呼びましょう)を使って、事後確率を計算してみましょう。これは、これまでで何度も行った 1 つの情報からのベイズ推定ですから、難しいことはまったくありません。

図表12-4　情報❷を使ったベイズ推定による事後確率

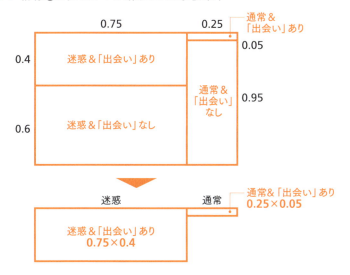

図表 12-4 のように、世界を 4 つに分岐させ、それぞれの可能世界に、確率をかけ算で導入します。そして、実際に「出会い」という言葉が検出されたことから、「出会いなし」の 2 つの世界が消滅して、2 つの世界だけが残ります。この確率の比が正規化条件を満たす(足して 1 になる)ようにしましょう。すると、「出会い」という言葉が検出された下での事

後確率が、

（迷惑である事後確率）：（通常である事後確率）
$= 0.75 \times 0.4 : 0.25 \times 0.05$
$= 3 \times 8 : 1 \times 1$
$= 24 : 1$
$= \frac{24}{25} : \frac{1}{25}$

となります。これは、前講の2つの情報（ここでの情報❶と情報❷）を使ったベイズ推定の事後確率と全く一致しています。

　なぜ一致するのでしょうか。単なる偶然でしょうか。そうではなく、これは必然です。その理由は案外簡単なことです。

図表12-5　2個の情報による改訂と逐次的な改訂が一致する理由

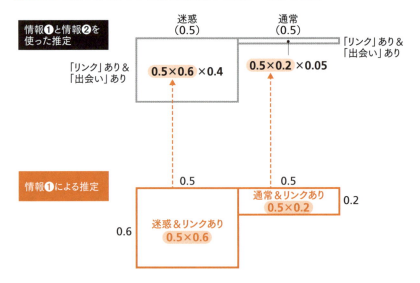

図表 12-5 を見てみましょう。上段にある図は、前講で、2個の情報（ここでの情報❶と情報❷）からいっぺんに事後確率を求めるときに使った図です。長方形の中の確率の比が正規化条件を満たすようにすれば、事後確率が得られました。

　他方、下図は、本講の図表 12-2 の中にある図で、情報❶からそれぞれのタイプの確率を改訂し、得た事後確率の比例です。

　下図の長方形の中のかけ算が、上図の長方形の中の「3つの数のかけ算」のうちの、「前2つのかけ算」と一致していることを確認してください。つまり、下図の比例関係をタイプの比だとして、情報❷を使ってベイズ推定を行う（図表12-4）と、上図のかけ算と全く同一の計算が現れることになるわけです。これによって、**「情報❶での事後確率を事前確率に使って情報❷から求めた事後確率」** と、**「情報❶と情報❷をいっぺんに使って求めた事後確率」とが一致する**、という見事な結果が生じることになります。

　要は、確率がかけ算で計算されることが、うまい働きをすることによって、このような性質が得られる、ということなのです。

12–4　ベイズ推定は人間くさい推定である

　「2個の情報をいっぺんに使って推定した結果」と、「第一の情報を使って推定し、その推定結果を事前確率として、第二の情報を使って推定した結果」が全く一致する、ということが、ベイズ推定では一般に成り立ちます。この性質は、専門的に「**逐次合理性**」と呼ばれています（**図表 12-6**）。

図表12-6 逐次合理性

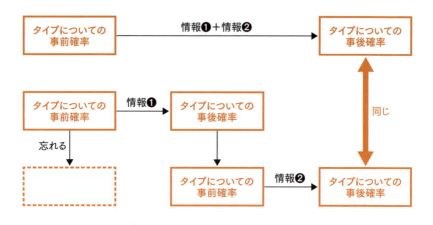

　「逐次合理性」が成り立つ、ということは、情報をいっぺんに利用しなくても、逐次的に（順繰りに）使っていっても同じ結果が得られることを意味しています。言い換えると、**前に使った情報は忘れてしまってもよい**、ということです。なぜならそれは、得られた事後確率に完全に反映されているので、その事後確率を**あたかも事前確率であるかのように扱って、新しい推定をすれば結果は変わらない**からなのです。

　これは、ベイズ推定がいかに有能な推定方法かを教えてくれます。私たちは、いつも膨大な情報を使って、確率的推測を行っています。しかしその際、いつも、いちいち全部の情報を総動員して推測を行わなくてはならないとしたら、ひどく手間がかかりますし、情報をストックしておく記憶容量も相当大きくないといけません。ところが、一度使った情報は捨ててしまっても、現在の推定に完全に反映され、余さず活かされるのであれば、それはとても効率が良い、省エネ的である、ということになるでしょう。ベイズ推定は、まさにこの機能を備えている、ということなのです。

これは、一種の「**学習機能**」だとも言えます。ベイズ推定で改訂された「タイプについての事後確率」は、情報すべてを活かしきった内容のものになっている、ということです。つまり、これは「情報から学習をした結果」と見ることができます。ベイズ推定は、「**情報を取り入れて、自動的に賢くなる**」機能を備えもっている、ということなのです。

　以上を喩え話で言うなら、非常に「人間くさい」機能であるということです。私たちは、いつも、他人についての能力なり人間性なりを見積もっています。そのとき、いつでも「今までの記憶を総動員して評価する」というわけではありません。その人物についての何かの出来事の観察から、その人の印象をつくります。そして、その観察した出来事は普通、あとで忘れてしまいます。そのうえで、次なる観察が得られたとき、すでにつくられている印象をその新しい観察からさらに改訂します。

　私たちは、このように、「情報」→「印象の改訂」→「情報の忘却」ということを繰り返し、次第にその人の評価を確固としたものとしていきます。大事なのは、そのような逐次的に行った「印象の改訂」の結果と、「これまでのすべての観察を使って改めて白紙から形成した印象」とは、そんなに大きくずれることがない、ということです。だから私たちは、いつも白紙から考えるなどという面倒なことをしなくて済んでいるわけです。このような、人間が日常的に行っている「印象の改訂」「学習」を、システマティックに数値によって行うのが、ベイズ推定なのです。

　そういう意味で、**ベイズ推定はある意味で人間くささを持った推定の方式だ**、ということができます。したがって、ベイズ推定がネット上のビジネスなどに導入されれば、それはあたかも有能な店員さんの営業能力がネット上に実現されるかのようになります。これが、ベイズ推定が、ネットビジネスで注目される大きな理由の１つなのです。

第12講の まとめ

❶ 2つの情報をいっぺんに使って求めた事後確率と、1個目の情報で得られた事後確率を事前確率に再設定して2個目の情報で改訂した事後確率は常に一致する。

❷ ❶の性質を逐次合理性と呼ぶ。

❸ 逐次合理性は、学習機能の一種と見なすことができる。

❹ ベイズ推定では、推測に使った情報は捨て去ってしまっても問題ない。

練習問題

自分が同僚女性にとっての「本命」か「論外」かの推定の例で、逐次合理性を考えてみよう。次のように設定する。

※事前確率：「本命」の確率は 0.5、「論外」の確率は 0.5

▼チョコをあげる／あげない の条件付確率

タイプ	チョコをあげる確率	チョコをあげない確率
本命	0.4	0.6
論外	0.2	0.8

▼メールを頻繁に出す／あまり出さない の条件付確率

タイプ	頻繁の確率	あまり出さない確率
本命	0.6	0.4
論外	0.3	0.7

このとき、以下のカッコを適切に埋めよ。

チョコをもらったことによる改訂
（本命＆あげる）の確率＝（　）×（　）＝（　）……（ア）
（論外＆あげる）の確率＝（　）×（　）＝（　）……（イ）

チョコをもらった下での事後確率
（本命の確率）：（論外の確率）＝（ア）：（イ）＝（　）：（　）……（ウ）

（ウ）を事前確率に設定したうえでの、メールを頻繁にもらった場合の改訂
（本命＆頻繁）の確率＝（　）×（　）＝（　）……（エ）
（論外＆頻繁）の確率＝（　）×（　）＝（　）……（オ）

（ウ）を事前確率に設定し、メールが頻繁の下での事後確率
（本命の確率）：（論外の確率）＝（エ）：（オ）＝（　）：（　）……（カ）

事前確率を五分五分と設定し、チョコをもらいメールも頻繁という2つの情報での改訂
（本命＆あげる＆頻繁）の確率＝（　）×（　）×（　）＝（　）……（キ）
（論外＆あげる＆頻繁）の確率＝（　）×（　）×（　）＝（　）……（ク）

チョコももらいメールも頻繁の下での事後確率
（本命の確率）：（論外の確率）＝（キ）：（ク）＝（　）：（　）……（ケ）

ここで（カ）と（ケ）が一致するのが、逐次合理性である。

第13講

ベイズ推定は情報を得るたびに正確になる

13-1 「いいかげん」な推測から「より正しい」推定にするには

　これまで、ベイズ推定は「**いいかげんなところがあるけれど、ないよりはずっとよい**」という推定の方法であることを何度も解説してきました。それをして「社長の確率」などと呼んでいました（89頁）。その「いいかげんさ」は、主に事前確率から来ます。事前確率は、「何も情報がないからとりあえず対等に設定する（理由不十分の原理）」とか、「主観で設定する」とかで、どうしたって「いいかげん」になるわけです。

　しかし、逆から見れば、そのような事前確率の設定のおかげで、**情報（データ）が少なくても推定を出来る**、というメリットが出てくるのです。ここが、ベイズ推定がスタンダードな統計的推定（ネイマン・ピアソン式推定）よりも便利な点でした。

　さらには、ベイズ推定には、推定に使った情報は**事後確率に反映させたあと捨ててしまってもかまわない**、という見事な性質がありました。これを、ベイズ推定の学習機能と呼びました。

　実は、ベイズ推定の学習機能は、もう1つあります。それは、「**情報が**

多くなればなるほど、より正しい推定を行う」という性質です。図式に描くと次のようになります（**図表 13-1**）。

図表13-1 情報が多くなればなるほど、より正しい推定を行う

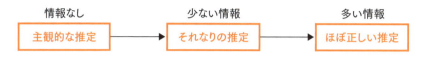

以下で、それがどういうことか順を追って説明していきましょう。

13-2 ツボの問題で球を2個取り出す

ここでは、第7講で使った色球のつまったツボの例を再度使いましょう。次のような問題設定でした。

> **問題設定**
> 目の前にツボが1つあり、AのツボかBのツボであることはわかっているが、見た目ではどちらかわからない。知識として、Aのツボには9個の白球と1個の黒球が入っており、Bのツボには2個の白球と8個の黒球が入っていることを知っているとする。

第7講では、ツボから球を1個取り出し、その色を見ることでツボAかツボBかを確率的に推定しました。黒球であったことから、Aである事後確率は9分の1、Bである事後確率は9分の8であると推定されました。この推定については、88頁を参照してください。

ここでは、最初に取り出した球をツボに戻して、またもう一度、球を取り出した場合の推定をしてみましょう。つまり、一度目の球の色と二度目の球の色という2個の情報を使った推定です。二度目の球が、黒球だっ

た場合と白球だった場合と両方を推定しますが、その方法は、第12講の複数の情報を使った推定の方法です。

　まず、AのツボかBのツボかがわからず、それを推定したいことから、タイプがAとBの2つの世界に分岐します。各タイプの事前確率は、「**理由不十分の原理**」から、ともに0.5を設定します。

　次に条件付確率について考えましょう。
　1個目が黒球で2個目が白球であることを、黒＆白と書くことにします。すると、**確率の乗法公式**から、

　　　（黒＆白の確率）＝（黒の確率）×（白の確率）

と計算できます。したがって、Aのツボであるとすれば、

　　　（黒＆白の確率）＝（黒の確率）×（白の確率）＝0.1×0.9＝0.09

となり、Bのツボであれば、

　　　（黒＆白の確率）＝（黒の確率）×（白の確率）＝0.8×0.2＝0.16

となるわけです。
　これを踏まえると、タイプによってAとBの2つに分岐した世界は、さらに球の組み合わせによって4つに分岐し、都合、8個の世界に分岐します。それぞれの確率は、**図表13-2**に記入した通りです。

図表13-2 2つの情報で世界は8個に分岐する

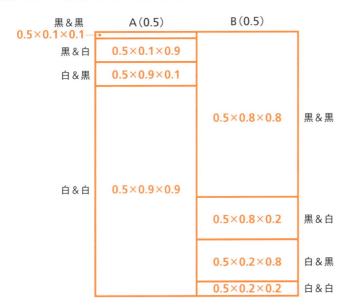

13-3　2個目も黒球の場合の推定

　ここでは、2個目の球が黒色だった場合の推定をしてみましょう。1個目が黒球、2個目も黒球だったので、世界は黒＆黒です。したがって、黒＆黒以外の世界は消滅します（**図表13-3**）。

図表13-3　2個目も黒球だった場合の推定

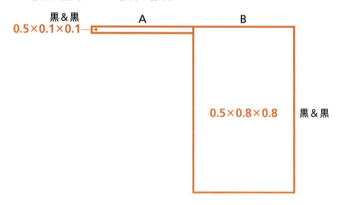

　図から、正規化条件を満たすようにすると、事後確率は次のように求まります。

（黒＆黒のときAである事後確率）：（黒＆黒のときBである事後確率）
＝0.5×0.1×0.1：0.5×0.8×0.8
＝0.01：0.64
＝1：64
＝$\frac{1}{65}$：$\frac{64}{65}$

　このように事後確率がわかったことで、目の前にあるツボがBのツボである確率は65分の64（約98パーセント）に高まることになります。つまり、**図表13-4**のような段階的な推定結果が得られます。

図表13-4　黒球を2回取り出した推定

これは、1個目の球が黒球であったことで、Bのツボである事後確率が約0.89まで高まり、さらにもう1回球を取り出して、それが再び黒球であったことから、**Bのツボである疑いはさらに濃厚になり、事後確率が約0.98まで跳ね上がった**ことを示しています。つまり、2個目も同じ色だったことが、最初の推定結果を強化することになるわけです。

13-4 2個目が白球だった場合の推定

それでは、2個目の球が白球だった場合はどうでしょうか。

この場合は、図表13-2で8個に分岐した世界の中で、黒&白の世界だけが残り、あとの6個の世界は消滅します。

図表13-5　2個目が白球だったときの推定

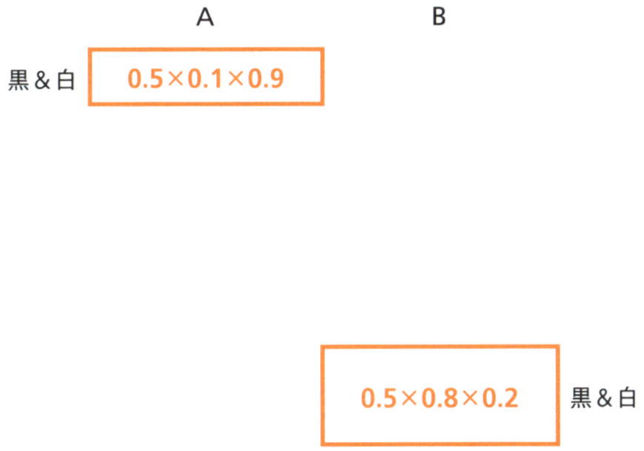

	A	B
黒&白	0.5×0.1×0.9	
		0.5×0.8×0.2 　黒&白

結果、**図表13-5**のようになりますから、正規化条件を満たすようにして事後確率を計算すると、

　（黒&白のときAである事後確率）：（黒&白のときBである事後確率）
　＝0.5×0.1×0.9：0.5×0.8×0.2

$$=0.09:0.16$$
$$=9:16$$
$$=\frac{9}{25}:\frac{16}{25}$$
$$=0.36:0.64$$

以上によって、**図表 13-6** のような段階的な推定結果が得られます。

図表13-6　黒球を2回取り出した推定

　この結果はどう解釈したらよいでしょうか。それは、1 個目が黒球であったことから、B のツボであるという疑いが濃厚となったものの、2 個目が白球だったために、その疑いが多少後退した、ということです。確率で言えば、1 個目で約 0.89 まで高まった B の可能性が、2 個目で 0.64 まで引き下げられたわけです。0.5 よりは大きいので、完全に五分五分（ニュートラル）までは引き戻されませんでしたが、B である疑いが後退したことには違いありません。

13-5　最新の観測結果によって結論が変わる

　前の 2 節で説明したように、黒球が観測されるとツボ B の事後確率が大きくなり、白球が観測されるとツボ A の事後確率が大きくなります。A は圧倒的に白球の多いツボで、B が圧倒的に黒球の多いツボなので、これはとても自然なことです。ツボ A である事後確率を a、ツボ B である事後確率を b として図解すれば、**図表 13-7** のようになります。

図表13-7 情報から推定結果がどっちに傾くか

具体的にどういう計算でaとbが変わっていくかを考えてみましょう。

今、n回目までの推定でツボAである事後確率がaで、ツボBである事後確率がbであったとしましょう。（n＋1）回目が黒であった場合の推定はどうなるでしょうか。

ここで、前講で解説したベイズ推定の逐次合理性によれば、（n＋1）回目の事後確率を計算するには、それまでのn回の球の色を列挙する必要はありません。それは**n回目の事後確率に全部反映されているので、n回目の事後確率（ツボA→a、ツボB→b）を事前確率に設定して、n＋1回目が黒色であることを使って、ベイズ推定をすればよい**だけです。**図表13-8**を見れば、次のような正規化の計算をすればよいとわかります。n＋1回目の観測後の事後確率をa'、b'とすれば、

（n＋1回目が黒のときのAの事後確率）：（n＋1回目が黒のときのBの事後確率）
$= a' : b'$
$= a \times 0.1 : b \times 0.8$
$= a : 8b$
$= \dfrac{a}{a+8b} : \dfrac{8b}{a+8b}$

a'：b' ＝ a：8b となることからわかるように、n回目の推定結果の確率のbの側だけを8倍した比例関係になるので、（足して1になることに注意すれば）、a'はaより小さくなり、b'はbより大きくなるだろうことが感覚的に理解できるでしょう。

図表13-8　n＋1個目が黒球だった場合の変化

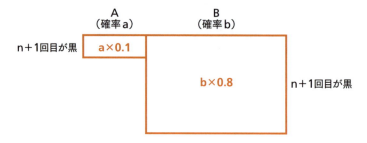

　ちなみに、n＋1回目に観測した球が白球であった場合には、a'：b'＝9a：2bとなり、a'はaより大きくなり、b'はbより小さくなるだろうと把握できます（これは練習問題としましょう）。

13-6　何度も観測すれば、推測は真実に近づく

　前節で解説した通り、n回目の球の観測でAである事後確率がa、Bである事後確率がbであるとなっていた場合、n＋1回目で黒球が観測されれば、事後確率の比例関係は、

　　a：b → a：8b

と改訂されます。これはツボがBである疑いが濃くなる、ということです。なぜBの側が8倍になるのか、というと、Aから黒球が観測される確率0.1に対して、Bで黒球が観測される確率が0.8と8倍大きいことが反映されるからです。反対にn＋1回目に白球が観測された場合には、

　　a：b → 9a：2b

と改訂され、ツボがAである疑いが濃くなるのです。

今、仮に目の前のツボがBであったとしましょう。このとき、観測を繰り返すと黒球を取り出すことが白球を取り出すことに比べて圧倒的に多くなるでしょう。したがって、**観測を繰り返せば繰り返すほど、Bの側の数値bが大きくなる回数が多くなります**。そうすると、大量の回数の観測をすれば、事後確率においてbは限りなく1に近くなり、aが限りなく0に近くなるでしょう。これは、ツボがBであるとほぼ断定的に推定することを意味します。つまり、**実際のツボと推定のツボがBで一致する**、ということです。

　以上のことを数学的に計算してみせることは大変に面倒なので、数値例を見てもらって納得してもらうこととしましょう（**図表13-9**）。

図表13-9　黒球の観測回数と事後確率と起こりやすさ

黒の回数	0	1	2	3	4
事後確率b	$8.62 \times \frac{1}{10^{14}}$	$3.10 \times \frac{1}{10^{12}}$	$1.12 \times \frac{1}{10^{10}}$	$4.02 \times \frac{1}{10^{9}}$	$1.45 \times \frac{1}{10^{7}}$
生起確率	$1.05 \times \frac{1}{10^{14}}$	$8.39 \times \frac{1}{10^{13}}$	$3.19 \times \frac{1}{10^{11}}$	$7.65 \times \frac{1}{10^{10}}$	$1.30 \times \frac{1}{10^{8}}$

5	6	7	8	9	10
$5.22 \times \frac{1}{10^{6}}$	0.0002	0.0067	0.1957	0.8975	0.9968
$1.66 \times \frac{1}{10^{7}}$	$1.66 \times \frac{1}{10^{6}}$	$1.33 \times \frac{1}{10^{5}}$	$8.66 \times \frac{1}{10^{5}}$	0.0005	0.0020

11	12	13	14	15	16
0.9999	1	1	1	1	1
0.0074	0.0222	0.0545	0.1090	0.1746	0.2182

17	18	19	20
1	1	1	1
0.2054	0.1369	0.0576	0.0115

図表 13-9 は、20 回球を観測したとき、黒球が出た回数に対応して、「ツボが B である事後確率」がいくつになるかを図表にしたものです。2 段目の行が「ツボが B である事後確率」の数値となっています。

　例えば、「黒球が 6 回出た」場合は、表から「ツボが B である事後確率」は 0.0002 です。つまり、黒球が 6 回しか出ないと、「ツボが B である事後確率」が非常に小さい値になります。他方、「黒球が 9 回出た」場合は、「ツボが B である事後確率」は 0.898 です。つまり、黒球が 9 回程度出ると、「ツボが B である事後確率」は非常に大きな値となるわけです。

　したがって、知りたくなるのは、「B のツボであるとすれば、黒球はどのくらいの回数観測されるのか」ということです。この表で、3 段目の行は、実際にツボが B であった場合に、黒球が 1 段目の回数観測される確率を表しています。数値を見れば、実際にツボが B であった場合は、黒球が観測される回数が 9 回以下である確率は、ほとんど微少量であるとわかります。まず、そういうことは起きないと判断してよいでしょう。そうすると、黒球が観測される回数は 10 回以上と決めてかかっても危険すぎることはありません。その場合、ベイズ推定による「B である事後確率」b は、みな 99 パーセント以上になっています。つまり、ベイズ推定は正しくツボが B である、と判断を下すことを表しています。（もちろん、天文学的な奇跡によって、黒球の観測回数が 8 回以下であったら、推定を間違えることになります）。

　以上は具体例にすぎませんが、**ベイズ推定は観測回数を多くすれば、正しい結論を下すであろう**ことが納得できたことと思います。

第13講の まとめ

❶ ベイズ推定は、情報によって、判断が揺らぐ様子を描写している。
❷ 黒球を観測すれば、黒球の多いツボに判断が傾き、白球を観測すれば、白球の多いツボに判断が傾く。
❸ ベイズ推定では、情報が大量にあれば、正しい結論を下すことができる。

練習問題

設定は本文と同じとする。以下のカッコを適切に埋めよ。

今、n 回目までの推定で「ツボ A である事後確率」が a で、「ツボ B である事後確率」が b であったとしよう。そのうえで、$(n+1)$ 回目が白球であった。$n+1$ 回目の観測後の事後確率を a', b' とすれば、逐次合理性によって、事後確率の比は、

$$a' : b' = a \times (\quad) : b \times (\quad) = (\quad) : (\quad)$$

正規化条件を満たすようにすれば、

$$a' : b' = \frac{(\quad\quad\quad)}{(\quad\quad)} : \frac{(\quad\quad\quad)}{(\quad\quad)}$$

この式から、a' は a より（　　）なり、b' は b より（　　）なるとわかる。

column ベイズを復権させた学者たち

　ベイズ逆確率の考え方は、フィッシャーやネイマンらの激しい批判によって、20世紀の始めに、いったんは表舞台から抹殺されてしまいました。それを復権させることに成功したのは、三人の学者の研究でした。三人とは、イギリスのグッドとリンドレー、アメリカのサベージで、1950年代のことです。

　グッドは、第二次世界大戦中のイギリス軍で、数学者のチューリングとともに暗号解読に従事していました。その際に、ベイズ推定を用いてめざましい成果をあげています。この業績は長い間機密となっていましたが、公開が許された後に発表されました。リンドレーは、統計学をきちんと数学的に裏付ける仕事をする過程で、ベイズ逆確率に共感を抱くようになり、後には、イギリスでベイズ統計学を普及させる急先鋒となりました。

　中でも最も大きな影響力を持ったのが、サベージの研究でした。サベージは、生まれつき極度の近眼で、勉強には大きな苦労をしました。知的障害と誤解され進学が危うくなったり、どうにか化学科に進学するものの、実験に向いておらず追い出されたりしました。そんな中、シカゴ大学で経済学者のフリードマンと仕事をし、そこから統計学の研究に重心を移すことになりました。1954年に刊行した『統計学の基礎』は、主観確率を数学的に正当化する理論として、その後の確率理論や統計学に多大な影響を与えることとなったのです。面白いことに、この研究がベイズ逆確率を復権させることになろうとは、本人も、またこの論文を早期に知ったリンドレーさえも気づいていませんでした。この時点ではまだ、二人とも完全なベイズ派ではなかったのでした。しかし、このサベージの研究は、その後に「ベイジアン意思決定理論」と呼ばれる大きな分野の出発点となる、聖典のような著作となりました。

第2部

完全独習!
「確率論」から
「正規分布による
推定」まで

第1部では、ベイズ統計学の本質だけを浮き彫りにしました。ですが、確率記号を使わない分、正確な表現を欠いています。「ベータ分布」などの確率分布を使った複雑な推定をものにして免許皆伝を受けるためには、数式による理解が不可欠です。「面積図」によって土台がしっかり整っているはずなので、複雑そうに見える確率記号も、カンタンに理解できるはず。「正規分布」を知らない人でも、しっかり解説しますので心配はいりません。さあ始めましょう!

第14講

「確率」は「面積」と同じ性質を持っている
確率論の基本

14-1 複雑なベイズ推定には確率記号が必要

　これまでの講義では、意図的に確率の記号を使わずにベイズ推定の解説をしてきました。その理由は、第13講までは、確率の記号を使わずともたいした遜色なく、ベイズ推定を展開できるからです。実際、すべてを面積図だけで済ませました。これらを確率記号で解説とすると、ベイズ推定を理解することと確率記号を理解することと、二重の負担を読者に強いることになり、わかることもわからなくなる、という心配があったので、本質的には同じである面積図の手法を使いました。

　しかし、これ以上に複雑なベイズ推定を行うには、確率記号を使わないことがかえって足手まといになります。とりわけ、連続型の事前分布（第16講で解説）を使う場合、確率記号を使わないと記述がほとんど不可能になると思います。それで、第14講から第18講までで確率記号と連続型の確率分布を講義し、第19講から21講でベイズ推定の免許皆伝であるベータ分布と正規分布を使ったベイズ推定に到達することとしましょう。

14-2 確率は関数の形で記述する

確率とは、「出来事」に「0以上1以下の数値」を1つ対応させることを意味する数学概念です。

[出来事] → [数値] （ただし、[数値]は0以上1以下）

出来事を取り決め、それに対する数値の割り当てを決めたものを「**確率モデル**」と呼びます。

例えば、「明日の天気」ということを確率モデルにするなら、出来事を

{晴れ, 曇り, 雨, 雪}

の4個として、それぞれに0以上1以下の数値を割り当てることで、1つの確率モデルができます。ただし、割り当てる4個の数値の和は1でなくてはなりません（**正規化条件**）。以下は、この確率モデルの一例です。

晴れ→0.3, 曇り→0.4, 雨→0.2, 雪→0.1

ここで、4つの基礎となる出来事である、晴れ、曇り、雨、雪のことを「**素事象**」と呼びます。**注目している確率現象を記述するための、これ以上は分解できないような最も根本となる出来事**だからです。

素事象をいくつか組み合わせることで、「出来事」を作ることができます。例えば、「傘を使う」という出来事は、雨、雪の素事象が起きたときに実現されるので、

「傘を使う」＝{雨, 雪}

のように集合を使って記述できます。この集合 {雨, 雪} のことを**事象**と呼びます。素事象もそれぞれ、{晴れ}, {曇り}, {雨}, {雪} と集合で書けば、事象の一種と理解できます。

次に、この確率モデルにおいて、事象 A の起きる確率は、$p(A)$ という記号で記述されます。

p は probability（確率）の p です。当然、$p(A)$ は 0 以上 1 以下の数値です。さきほどの例では、素事象について、

$$p(\{晴れ\})=0.3, \quad p(\{曇り\})=0.4, \quad p(\{雨\})=0.2, \quad p(\{雪\})=0.1$$

と書くことができます。ここで、$p(\{晴れ\}) = 0.3$ は、「明日の天気が晴れである確率は 0.3 である」を意味しています。

素事象ではない事象についての確率は、**その事象を構成する素事象の確率の和**と定義されます。例えば、先ほどの事象「傘を使う」の確率は、

$$p(「傘を使う」)=p(\{雨,雪\})=p(\{雨\})+p(\{雪\})=0.2+0.1=0.3$$

となります。これは、「傘を使う、という事象の起きる確率は 0.3 である」ということを記述したものです。この例を眺めて、**言葉で書くより確率記号の記述のほうがずっと簡単**なことを観察してください。以上の記号法をまとめると、出来事を事象が表すものとして、

$$確率p:[事象] \to [数値], \quad [数値]=p(事象)$$

という図式が得られます。

もう 1 つの代表的な確率モデルの例として、「サイコロ投げで出る目」の確率モデルを考えてみましょう。この場合、素事象は、

{1の目, 2の目, 3の目, 4の目, 5の目, 6の目}

となります。しかし、「の目」という言葉は不要ですから、数字だけを表示して、

{1, 2, 3, 4, 5, 6}

としてかまいません。つまり、素事象を数の集合と設定できるわけです。この場合、事象も数の集合になります。例えば、

「偶数」= {2, 4, 6}
「4以下」= {1, 2, 3, 4}

のようになります。したがって、確率の割り振りは、まず素事象について、

$p(\{1\}) = \frac{1}{6}, \quad p(\{2\}) = \frac{1}{6}, \quad p(\{3\}) = \frac{1}{6}, \quad p(\{4\}) = \frac{1}{6},$
$p(\{5\}) = \frac{1}{6}, \quad p(\{6\}) = \frac{1}{6}$

と自然に設定されます。したがって、事象については、例えば、

$p(\text{「偶数」}) = p(\{2, 4, 6\}) = \frac{1}{6} + \frac{1}{6} + \frac{1}{6} = \frac{1}{2}$
$p(\text{「4以下」}) = p(\{1, 2, 3, 4\}) = \frac{1}{6} + \frac{1}{6} + \frac{1}{6} + \frac{1}{6} = \frac{2}{3}$

のように決まります。ここで、「偶数」という事象を E、「4以下」という事象を F という記号で記すなら、

$p(\text{E}) = \frac{1}{2}, \quad p(\text{F}) = \frac{2}{3}$

と書けます。

14-3　確率は面積と同じ性質を持っている

前節での素事象、事象、確率の定義からすぐにわかることは、「**確率は面積と同じ性質を持っている**」ということです。

実際、サイコロ投げの確率モデルを**図表14-1**のように図解してみましょう。これは、これまでの解説で何度も出てきた長方形の分割図（世界の分岐図）と全く同じものです。そして、例えば、事象 F =「4 以下」の確率を表す p(F) は、長方形の 1 から 4 までの部分の面積を表す数値と一致することが見て取れます。

図表14-1　確率モデルは面積図

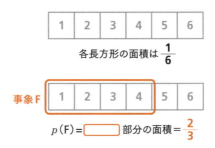

確率が面積であることを理解すれば、次の性質は当たり前だと納得できます。以下では、「A or B」という事象は、「A か B かどちらかは起きる」という事象を意味します。

確率の加法法則

事象 A と事象 B が重なりを持たない、すなわち、共通の素事象がないとする。

このとき、事象「A or B」の確率は、Aの確率とBの確率の和となる。すなわち、

$$p(A \text{ or } B) = p(A) + p(B)$$

この法則は、確率は面積と同じだということを踏まえて、**図表14-2**を眺めれば、簡単に理解できるでしょう。

図表14-2 確率の加法則

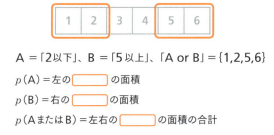

A =「2以下」、B =「5以上」、「A or B」= {1,2,5,6}
$p(A)$ = 左の [　　] の面積
$p(B)$ = 右の [　　] の面積
$p(A \text{または} B)$ = 左右の [　　] の面積の合計

14-4 ベイズ推定の事前確率を確率記号で表すと

以上の事象と確率の記号を利用すると、これまでのベイズ推定の事前確率について、確率記号を使って改めて表記することができるようになります。

例えば、第2講の例では、タイプは「ガン」と「健康」でした。したがって、確率モデルの素事象の集合は、

{ガン, 健康}

となります。そして、それぞれに割り当てた事前確率は、世の中の罹患率

を反映させて、

$$p(ガン)=0.001, p(健康)=0.999$$

としました。このことは、**図表 14-3**（34 頁の図表 2-1 と同じもの）において、面積 1 の長方形を、0.001 の面積の長方形と 0.999 の面積の長方形の 2 つに分割することに対応します。

図表14-3 ガン罹患率による事前分布

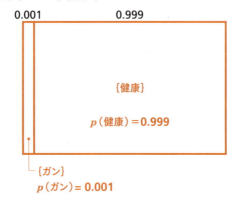

　また、第 4 講で紹介した、ある夫婦の次に生まれる子供が女の子である確率はいかほどか、という確率モデルについては、ある夫婦に女の子が生まれる確率 p の数値を素事象に設定すればよいです。素事象が確率というのも混乱しそうですが、そんなに突飛なものではありません。素事象として $\{0.4\}$, $\{0.5\}$, $\{0.6\}$ を設定すればよいです。ここで、「0.4」というのは、「この夫婦から次に女児が生まれる確率が 0.4 である」という出来事を意味するのです。サイコロの目と同じように捉えればよいでしょう。**図表 14-4**（これは 60 頁の図表 4-1 と同じ）の長方形の面積を確率記号で表現すれば、事前分布は、

$$p(\{0.4\}) = \frac{1}{3}, \quad p(\{0.5\}) = \frac{1}{3}, \quad p(\{0.6\}) = \frac{1}{3},$$

と書くことができます。

図表14-4 ある夫婦から生まれる子が女の子である確率についての事前分布

$\frac{1}{3}$	$\frac{1}{3}$	$\frac{1}{3}$
{0.4} $p(\{0.4\})$ $=\frac{1}{3}$	{0.5} $p(\{0.5\})$ $=\frac{1}{3}$	{0.6} $p(\{0.6\})$ $=\frac{1}{3}$

$p(\{0.4\})$ と書いた場合、中身の0.4も確率で、全体の$p(\{0.4\})$も確率なのでわかりにくいですが、中身の確率「0.4」は「ある夫婦に次に生まれる子供が女子である確率が0.4である」という素事象（出来事）を意味しており、全体の「$p(\{0.4\})$」は、その素事象をどの程度の大きさの可能性だと見積もっているか、というその「**信念の度合い**」を表しているので、意味は全く違うものであることを理解しましょう。

14-5 「&」で結ばれた事象を確率記号で表すと

次に、ベイズ推定にとって基本となる、「&」で結ばれた事象の確率について解説しましょう。第10講で解説したように、2つの確率現象を合体する場合は「&」で結んだ事象を作ります。これは**直積試行**と呼ばれる試行になります。最もわかりやすい例は、コイン投げとサイコロ投げを合体したものでした（**図表14-5**）。

図表14-5　コイン投げとサイコロ投げの直積試行

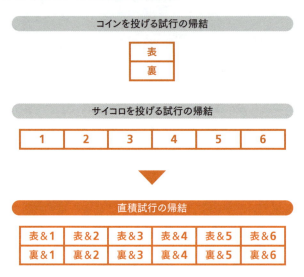

　もう一度述べると、コイン投げの試行とサイコロ投げの試行を合体して直積試行を作るには、図表14-5のように縦向きにはコイン投げを、横向きにはサイコロ投げを列挙するようにして、格子模様（マトリックス）を作ります。そして、各マスには（コイン投げの帰結）＆（サイコロ投げの帰結）という形で「＆」で結んだ帰結が並びます。これらが**直積試行という確率モデルにおける素事象**となります。すなわち、

　　表＆1, 表＆2, 表＆3, 表＆4, 表＆5, 表＆6,
　　裏＆1, 裏＆2, 裏＆3, 裏＆4, 裏＆5, 裏＆6

の12個が素事象になります。
　この際、元々のコイン投げの事象やサイコロ投げの事象は、上記の素事象を使って表すことができます。例えば、コイン投げの「表」という事象は、

「表」＝{表＆1, 表＆2, 表＆3, 表＆4, 表＆5, 表＆6}

と表現することができます。これは、サイコロの目は何でもよいから、コインが「表」になる、ということです。同様に、サイコロ投げの「2」という事象は、

「2」＝{表＆2, 裏＆2}

と表せます。また、事象「表」と事象「2」が両方起きるのは「表」と「2」に共通に含まれる素事象（表＆2）ですから、（「表」かつ「2」）という論理的な接合がそのまま{表＆2}となって整合性が保たれます。

図表14-6 直積空間における元の試行の事象

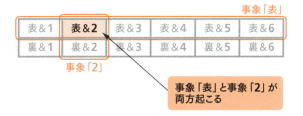

さて、この直積試行での確率も、これまでに解説したのと同様、マスの面積に対応させて定義されます。第10講で解説したように、コイン投げとサイコロ投げは独立試行（無関係な試行）と定義されるので、12個のすべての素事象について、

p(コイン投げの帰結＆サイコロ投げの帰結)
＝p(コイン投げの帰結)×p(サイコロ投げの帰結)

が成り立つように素事象の確率が導入されます。すなわち、**右辺のかけ算**

から左辺の確率が定義される、と考えてかまいません。例えば、

$$p(\{裏\&4\}) = p(\{裏\}) \times p(\{4\}) = \frac{1}{2} \times \frac{1}{6} = \frac{1}{12}$$

となります。つまり、12個の素事象にはどれも確率が12分の1と割り当てられることになります。

このように導入した直積試行の確率モデルは、元々のモデルと矛盾しません。14-3節で解説した**「確率の加法法則」**を使えば、

$$\begin{aligned}
p(\lceil 表 \rfloor) &= p(\{表\&1, 表\&2, 表\&3, 表\&4, 表\&5, 表\&6\}) \\
&= p(\{表\&1\}) + p(\{表\&2\}) + p(\{表\&3\}) + p(\{表\&4\}) + \\
&\quad p(\{表\&5\}) + p(\{表\&6\}) \\
&= \frac{1}{12} \times 6 \\
&= \frac{1}{2}
\end{aligned}$$

となって、ちゃんとコイン投げ（のみ）の確率と整合的になっています。

第14講のまとめ

❶ 確率モデルは、素事象、事象、確率によって構成される。

❷ 素事象とは、これ以上分解できない根本的な出来事のこと。

❸ 事象は、素事象をいくつか集めた集合のこと。

❹ 素事象 e について、その確率は $p(\{e\})$ と記す。

❺ 例えば、素事象 e, f, g で構成される事象 $\{e, f, g\}$ の確率は、

$$p(\{e, f, g\}) = p(\{e\}) + p(\{f\}) + p(\{g\})$$

と定義される。

❻ 「確率の加法法則」とは、A と B が重なりのない事象のとき、

$$p(A \text{ or } B) = p(A) + p(B)$$

が成り立つこと。

❼ 2つの確率現象を合体して作る直積試行は、a & b のような素事象からなり、この確率は通常は、乗法法則が成り立つように定義される(独立試行と仮定される)ため、

$$p(\{a \text{ \& } b\}) = p(\{a\}) \times p(\{b\})$$

とかけ算で計算される。

練習問題

「確率の加法法則」を、事象に重なりのある場合について考えてみよう。A と B の重なりを C とする。

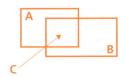

図を見ながら、確率が面積と同じ意味を持つことを踏まえて、カッコを埋めよ。

$p(A \text{ or } B) = p(\quad) + p(\quad) - p(\quad)$

第15講

情報が得られた下での確率の表し方
「条件付確率」の基本的な性質

15-1 「条件付確率」を使って「ベイズ逆確率」を表すには

　これまでの講義でおわかりのように、ベイズ推定にとって最も重要な考え方は、「**情報が得られたときに確率が変化する**」、ということです。第2講の例で言えば、あなたがガンであるか健康であるかによって、腫瘍マーカーの検査で陽性と出る確率は変化します。また、第3講の例で言えば、同僚女性があなたを「本命」と思っているか「論外」と思っているかでチョコをくれる確率は異なります。

　このように、情報のある・なし、情報の種類によって、確率は変わるわけです。それを記述するのが、**条件付確率**というものです。条件付確率は、高校の数学でも教わるのですが、ベイズ推定を記述するうえで最も重要なものなので、本講では基礎から説明することにしましょう。そのうえで、**条件付確率を使ってベイズ逆確率を表現する公式**を与えます。

15-2 「条件付確率」とは、部分を全体と見なして数値を修正すること

　ここでは、サイコロ投げを例として説明しましょう。

今、あなたはサイコロを1個、ふたをした箱の中に入れて、ゆさぶって中で転がしたとしましょう。ここで、あなたは箱の中のサイコロが何の目を出しているかについて推測するとします。サイコロの目が偶数である確率を求めましょう。「サイコロの目が偶数である」という事象をEと記すことにすれば、

$$E = \{2, 4, 6\}$$

となります。そして、サイコロ投げの確率モデルの場合は、事象Eの確率は、

$$p(E) = \frac{3}{6} = \frac{1}{2}$$

となります（165頁参照）。

しかし、ここで、第三者がちらっと箱のふたをあけて、あなたに見えないように中をのぞいたとします。その第三者があなたに「6じゃないよ」と教えてくれたら、確率はどうなるでしょうか。当然、6の可能性が消えたことから、あなたの確率についての見積もりは変化するべきでしょう。このように、「6でない」という情報を得た場合の「偶数である」確率のことを**条件付確率**と呼ぶのです。

「6でない」という事象をFと記しましょう。

$$F = \{1, 2, 3, 4, 5\}$$

このとき、事象Fが起きているという情報の下での事象Eの確率を、

$$p(E \mid F)$$

と記します。$p(\ |\ )$ という記号において、仕切りの右側が得られた情報を表します。

この数値を求めるには、**図表15-1**のように面積図での自然な考え方を使えばよいです。

図表15-1 条件付確率の考え方

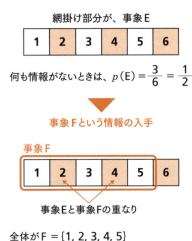

図表 **15-1** のように、何の情報もないときは、事象 E は全体の半分の面積を占めているので、その確率 $p(E)$ は、2 分の 1 になっています。ところが、「6 でない」という事象 F を情報として得たので、注目すべき全体は事象 F になりました。このことにより、2 つの点で見積もりを変更する必要が出てきます。

第 1 の変更：事象 F が全体となったのだから、事象 F の確率が 1 として設定されるべき。つまり、F の面積が 1 だと見なす。

第２の変更：事象Ｆに世界が限定されたのだから、事象ＥもＦとの共通部分に限定して確率を考えるべき。すなわち、注目している事象は、
ＥとＦの重なり＝ {2, 4}
となるべき。

以上の２つの変更によって、求めたい確率 $p(E|F)$、すなわち、**事象Ｆが起きているという情報を得たうえでのＥの条件付確率は、Ｆを全体と考えたうえでの「ＥとＦの重なり」が、Ｆの中に占める割合**、ということになります。したがって、それは、

　　（ＥとＦの重なりの面積）÷（Ｆの面積）

というわり算で求めることができますから、

　　$p(E|F) = p(ＥとＦの重なり) ÷ p(F)$

という計算で定義されることになります。

実際に計算すれば、

　　$p(E|F) = p(\{2, 4\}) ÷ p(\{1, 2, 3, 4, 5\}) = \dfrac{2}{6} ÷ \dfrac{5}{6} = \dfrac{2}{5}$

となります。この場合は、情報Ｆがない場合には、Ｅの確率が２分の１（＝0.5）だったわけですが、情報Ｆを得たことで、全体が１つ少なくなり、また偶数も１つ少なくなったことがわかりました。偶数が１つ少なくなった効果が勝って、結局、Ｅの確率は５分の２（＝0.4）と小さくなったわけです。

要するに、**条件付確率とは、得られた情報である事象が全体となると再設定して、可能性のなくなった素事象を消滅させて、改めて比率をとったもの**なのです。

以上の説明は、そのまま一般化できるので、ここで公式と書いておきましょう。

条件付確率の公式

事象Bという情報を得た下での事象Aの条件付確率 $p(A\mid B)$ は、次の式で定義される。

$p(A\mid B)=p(A と B の重なり)\div p(B)$

15-3 タイプの与えられた確率＝「条件付確率」

ベイズ推定に条件付確率を使う場合、2段階の使い方をします。第一は、タイプ別にデータの確率を設定する使い方で、第二は事後確率を計算するときの使い方です。大事な点は、どちらにしても、直積試行の性質を見事に活かしている、ということです。この節では、前者の場合を説明します。

例として、第7講と第13講で使ったツボの色球の例を使いましょう。もう一度、設定を説明すれば、

> **問題設定**
> 目の前にツボが1つあり、AのツボかBのツボであることはわかっているが、見た目ではどちらかわからない。知識として、Aのツボには9個の白球と1個の黒球が入っており、Bのツボには8個の黒球と2個の白球が入っていることを知っている。今、ツボから1個球を取り出したら、黒球だった。目の前のツボはどちらのツボか。

この例では世界の分岐は4つになりました。事象の言葉を使えば、素事象の集合＝｛A＆黒, A＆白, B＆黒, B＆白｝という直積試行の素事象たちになります（**図表15-2**）。

　第7講や第13講では、「Aのツボから黒球が出る確率は0.1」とし、この意味を厳密には説明していませんでした。実は、この「Aのツボから黒球が出る確率」というのが、まさに、前節で定義した条件付確率のことなのです。それは、「ツボはAである」という情報を与えられた下での「黒が出る」確率、を意味しています。

図表15-2　条件付確率の設定

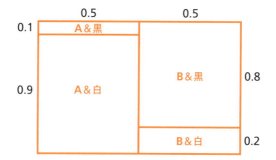

式で書くなら、

$p(黒｜A) = 0.1$

を与えている、ということです。ここで、第7講で、A＆黒の確率を0.5×0.1と計算したことを思い出してください。この計算は、前節の条件付確率の定義を使えば、以下のように、整合的な計算であることが理解できます。

図表15-3 A&黒は、事象「A」と事象「黒」の重なり

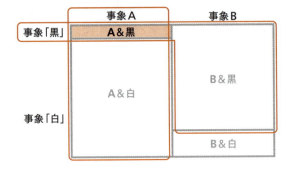

まず、**図表15-3**を見てください。直積試行において、事象Aは、

A＝{A&黒, A&白}

と記述できます。「ツボはA、球はどちらでもよい」、という事象です。同様に、事象「黒」は、

「黒」＝{A&黒, B&黒}

と記述できます。したがって、まさに、

事象Aと事象「黒」の重なり＝{A&黒}

このように、直積試行の中では、事象の重なりは自然に「&」と同じものになります。

すると、前節の条件付確率の定義から、

$p(黒｜A)＝p(事象Aと事象「黒」の重なり)÷p(A)$

$$=p(A\&黒)\div p(A)$$

となります。この式をかけ算に直せば、

$$p(A\&黒)=p(A)\times p(黒\mid A) \quad \cdots(1)$$

となります。ここで、タイプAの確率が0.5で、Aから黒が観測される条件付確率 $p(黒\mid A)$ が0.1と設定されていたわけですから、

$$p(A\&黒)=0.5\times 0.1=0.05 \quad \cdots(2)$$

というように、A＆黒の確率がかけ算で計算されます。これは、**確率は長方形の面積だ**、ということと整合的であることを表しています。以上を抽象的に記述すれば、ベイズ推定における次の公式が得られます。

＆の事象の確率法則
$p(タイプ\&情報) = p(タイプ) \times p(情報\mid タイプ)$

　つまり、**タイプと情報を＆で結んだ可能世界の確率は、「タイプの事前確率」と、「『そのタイプである』下でのその情報の得られる条件付確率」のかけ算で求められる**、ということです。

15–4　事後確率を条件付確率の公式から理解する

　では、いよいよ、ベイズ推定における条件付確率の２段階目の使い方について解説しましょう。
　ベイズ推定とは、ツボの例で言えば、「黒球だった」ということから、「Bのツボである」確率を推定する、ということです。「黒球」というのは観

測の「結果」で、「ツボ B」というのは「原因」ですから、**「結果」から「原因」を計算する**、という非常に奇妙な推論に見えます。どうしてこんなアクロバットのようなことが可能なのでしょうか。そのからくりは、条件付確率の定義の仕方にあるのです。

　私たちが求めたいのは、「黒球だった」と情報を得た下での「ツボ B である」確率です。条件付確率が明確に定義された今、これをごまかしなく表現することができます。すなわち、

$$p(\text{B} \mid \text{黒})$$

という条件付確率がこれにあたるわけです。この条件付確率の計算は、15-2 節で与えたように、

$$p(\text{B} \mid \text{黒}) = p(\text{B \& 黒}) \div p(\text{黒}) \quad \cdots (3)$$

の計算で求められます。したがって、確率 $p(\text{B \& 黒})$ と確率 $p(\text{黒})$ の数値がわかれば、わり算で求まる、ということになります。

　前者 $p(\text{B \& 黒})$ は、さきほど（1）（2）式で $p(\text{A \& 黒})$ を求めたのと同じ計算で求めることができます。すなわち、

$$p(\text{B \& 黒}) = p(\text{B}) \times p(\text{黒} \mid \text{B}) \quad \cdots (4)$$

です。ここでさりげなく、条件付確率 $p(\ )$ の中身が左右入れ替わっていることに注目しましょう。（3）では $p(\text{B} \mid \text{黒})$ となっていますが、（4）では $p(\text{黒} \mid \text{B})$ となっています。前者は求めたい数値ですが、後者はモデルの設定から 0.8 とわかっています。この事象「B」と事象「黒」の入れ替わりにこそ、ベイズ推定の秘密があるのです。さて、（4）から、

$$p(B \& 黒) = 0.5 \times 0.8 = 0.4 \quad \cdots (5)$$

と計算されます。次に、確率 $p(黒)$ ですが、これは、「黒」という事象が

「黒」＝ {A＆黒, B＆黒}

と＆を使った素事象で表現できることから、次のような計算で求められます。

$$p(黒) = p(A \& 黒) + p(B \& 黒)$$

右辺の第1項は（1）で、第2項は（4）式で求められているので、代入すれば、

$$p(黒) = p(A) \times p(黒 \mid A) + p(B) \times p(黒 \mid B) \quad \cdots (6)$$

となります。したがって、（4）と（6）を（3）に代入すれば、

$$p(B \mid 黒) = \frac{p(B)\,p(黒 \mid B)}{p(A)p(黒 \mid A) + p(B)p(黒 \mid B)} \quad \cdots (7)$$

という計算式が得られます。これが**「ベイズの公式」**と呼ばれているものです。

具体的に計算すれば、

$$p(B \mid 黒) = 0.5 \times 0.8 \div \{0.5 \times 0.1 + 0.5 \times 0.8\} = 0.4 \div 0.45 = \frac{8}{9}$$

となります。（7）式は、次のように眺めてください。左辺は「黒」とい

う結果から「B」という原因にさかのぼる確率ですから、直観的にわからないものです。他方、右辺では、$p(A)$ と $p(B)$ はタイプの事前確率、$p(黒｜A)$ と $p(黒｜B)$ は原因から結果を生み出す確率ですから設定で与えられています。つまり、(7)式はよくわかっている確率（右辺）から、直観的にはわからない確率（左辺）を導くような計算になっているわけです。

　(7)をそのまま眺めていると、式計算が複雑で、めまいがしてくるだろうと思います。そこで、面積図にこれまでの確率記号を書き入れることによって、**今の計算はこれまでの面積図の方法をそのまま数式化しただけ**だ、ということを明らかにしましょう。

図表15-4 ベイズ逆確率の式

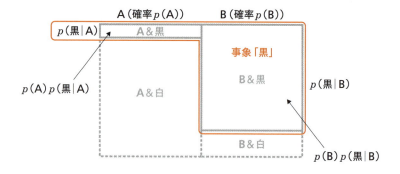

　図表 15-4 を見てください。これまでの求め方でやると、「黒」の情報の下で

　　（Aの事後確率）：（Bの事後確率）
　　＝（A＆黒の面積）：（B＆黒の面積）

という比例関係になりました。これは、条件付確率で記述すれば、

$$p(A)p(黒|A) : p(B)p(黒|B) \quad \cdots (8)$$

という比例式です。(8) 式の左右の計算は、長方形の縦横の長さである確率をかけ算したのと同じことです。そして、正規化条件を満たすように変形すれば（比の左右の数値の和で割れば）、

$$p(A)p(黒|A) : p(B)p(黒|B)$$
$$= \frac{p(A)\ p(黒|A)}{p(A)\ p(黒|A) + p(B)\ p(黒|B)} : \frac{p(B)\ p(黒|B)}{p(A)\ p(黒|A) + p(B)\ p(黒|B)}$$

これから、

$$（Bである事後確率）= \frac{p(B)\ p(黒|B)}{p(A)\ p(黒|A) + p(B)\ p(黒|B)} \quad \cdots (9)$$

という式が得られます。この最後の式は、(7) と全く一致しています。

これを、条件付確率を説明した面積比の中で再検討してみましょう。

今、黒という情報を得た下でのBの条件付確率というのは、15-2 節で解説したように、A＆黒の長方形とB＆黒の長方形を合わせた世界（事象「黒」の世界）において、B＆黒の長方形がどのくらいの面積の割合を占めているか、という数値のことでした。(8) の比の左側はA＆黒の長方形の面積で、比の右側はB＆黒の長方形の面積ですから、左右の和で右をわり算する、ということはまさに、「黒」の世界の中で「B＆黒」の長方形がどのくらいの割合を占めているかを計算しているのと同じです。つまり、最後の計算は、条件付確率 $p(B|黒)$ の面積での意味に、ちゃんと合致しています。

最後に重要なコメントをしておきましょう。すなわち、**ベイズ推定で事**

後確率を計算する場合、(7) 式の分母はあまり気にしなくてもよい、ということです。ポイントになるのは、比例式 (8) であって、(7) や (9) の分母は正規化条件を復旧しているにすぎないものだから、無視しても差し支えありません。あくまで大事なのは比例関係、ということなのです。記憶に留めるべきなのは、比例式 (8) だけでよいです。

第15講のまとめ

❶ 条件付確率とは、情報が入って素事象が少なくなった世界においての比例関係を与えるものである。

❷ 事象 B という情報を得た下での事象 A の条件付確率 $p(A|B)$ は、次の式で定義される。
$p(A|B) = p(A と B の重なり) \div p(B)$

❸ ベイズ推定では、条件付確率の公式❷を2通りの方法で使っている。

❹ 一番目の使い方は、タイプ＆情報の確率を求めること。すなわち、
$p(タイプ＆情報) = p(タイプ) \times p(情報|タイプ)$

❺ 二番目の使い方は、事後確率を求めること。それは、与えられたデータの下で、$p(タイプ＆情報)$ の比例関係を❹を使って計算し、正規化条件を満たすようにすればよい。

練習問題

ガン検査の例で条件付確率の記法を練習してみよう。

素事象を、「ガン」、「健康」、「陽性」、「陰性」として、カッコをこの 4 個のいずれかで埋めると、

$p(ガン\&陽性) = p(ガン) \times p(\ \ |\ \ )$ …（ア）
$p(ガン\&陽性) = p(陽性) \times p(\ \ |\ \ )$ …（イ）
$p(健康\&陽性) = p(健康) \times p(\ \ |\ \ )$ …（ウ）
$p(健康\&陽性) = p(陽性) \times p(\ \ |\ \ )$ …（エ）

このとき、（ア）と（ウ）から、

$p(ガン\&陽性) : p(健康\&陽性)$
$= p(ガン) \times p(\ \ |\ \ ) : p(健康) \times p(\ \ |\ \ )$ …（オ）

（イ）と（エ）から、

$p(ガン\&陽性) : p(健康\&陽性)$
$= p(\ \ |\ \ ) : p(\ \ |\ \ )$ …（カ）

（オ）と（カ）から、

$p(\ \ |\ \ ) : p(\ \ |\ \ )$
$= p(ガン) \times p(\ \ |\ \ ) : p(健康) \times p(\ \ |\ \ )$

左辺は事後確率の比であり、右辺は事前確率と条件付確率から算出される比である。

第16講

より汎用的な推定をするための「確率分布図」

16-1 実用レベルに進むために必要な「確率分布図」と「期待値」

　前講までで、ベイズ推定の基本的なテクニックと、それを通常の確率記号で記述することの説明が終わりました。ここまでで、簡単な設定の推定なら十分に行うことができるようになっています。ただ、もう少し複雑な設定の推定を行う場合や、汎用的な推定を行う場合には、これまでの方法では少々材料が足りないのです。

　もう少し複雑な設定の推定、汎用的な推定を実行するには、「**確率分布図**」と「**期待値**」についての知識を得る必要があります。とりわけ、無限の素事象を持つような連続型の確率分布が不可欠なのです。本講から、このことについて講義します。そして、あとの講で、ベイズ推定で最も代表的で重要な「ベータ分布」と「正規分布」について解説します。この講ではまず、ベータ分布の出発点になる「一様分布」について解説しましょう。

16-2 「同様に確からしい」型の確率モデルを考える

　「一様分布」というのは、コインとかサイコロの確率モデルを一般化し

たものをイメージするのがわかりやすいです。

第 14 講で解説した通り、確率モデルは、素事象とそこへの確率の割り振りによって定義されます。コインの場合は、素事象の集合は、

{表, 裏}

となっており、どちらの素事象にも同じ確率を割り振るので、それぞれの確率は、

表の確率 $p(\{表\}) = \frac{1}{2}$,　　裏の確率 $p(\{裏\}) = \frac{1}{2}$

となります。このような素事象を**「同様に確からしい」**と呼びます。つまり、{表} と {裏} を、同様に確からしいと設定しているわけです。
サイコロの場合は、第 14 講で解説した通り、素事象の集合は、

{1, 2, 3, 4, 5, 6}

確率の割り振りは、k の目の出る確率を $p(\{k\})$ と記述し、

$p(\{1\}) = \frac{1}{6}$,　　$p(\{2\}) = \frac{1}{6}$,　　$p(\{3\}) = \frac{1}{6}$,　$p(\{4\}) = \frac{1}{6}$,
$p(\{5\}) = \frac{1}{6}$,　　$p(\{6\}) = \frac{1}{6}$

となっていました。この場合は、6 個の素事象を「同様に確からしい」と設定しているわけです。

コインの確率モデルと、サイコロの確率モデルを面積図で表したものが、**図表 16-1** です。見てわかる通り、「同様に確からしい」ことから、単位長方形を等分したものとなっています。

図表16-1 コインとサイコロにおける「同様に確からしい」

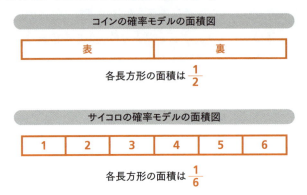

ここで、新しく、ルーレットの確率モデルを考えましょう。ルーレットはカジノで使われているものをイメージします。素事象は、1から36までの整数で、

$$\{1, 2, 3, \cdots, 35, 36\}$$

とします。実際にカジノで使われているルーレットには、「0」とか「00」という番号があるのですが、ここでは単純化して、円周上が36等分され、そこに1から36までの整数が配置されているものとしておきます。このルーレットの確率モデルも「同様に確からしい」と設定すれば、当然、どの数の出る確率も同じになり、

$$p(\{x\}) = \frac{1}{36} \quad (x = 1, 2, 3, \cdots, 36)$$

と設定されます。これを図示したものが、**図表16-2**です。

このモデルにおいて、例えば、「$1 \leqq x \leqq k$ を満たす整数 x が選ばれる」確率を、$p(1 \leqq x \leqq k)$ と略記するなら、$1 \leqq x \leqq k$ が全体の36分の

図表16-2 ルーレットにおける「同様に確からしい」

ルーレットの確率モデルの面積図

各長方形の面積は $\frac{1}{36}$

k の割合を占めることから、

$$p(1 \leqq x \leqq k) = \frac{k}{36}$$

となります。

16-3 「同様に確からしい」モデルを連続化した「一様分布」

ルーレットの確率モデルは、1 から 36 までの整数を「同様に確からしい」と設定したものでしたが、これを**（連続）無限個の素事象に拡張したもの**が「**一様分布**」という確率モデルになります。

次のような架空のルーレットを想像してみてください。円周上には、$0 \leqq x \leqq 1$ の範囲にあるあらゆる数 x が描いてあります。数直線の 0 以上 1 以下の部分を切り取って、輪っかの形に丸めたものをイメージすればよいでしょう。これが、基本となる一様分布の確率モデルです。本書では、これを [0, 1]-ルーレット・モデルと名付けることとしましょう（本

書だけでの呼び名です）。

　この確率モデルでは、「$0 \leqq x \leqq 1$ の範囲にある数 x の 1 つがランダムに選び出される」、と考えます。これは、コインでは「表」「裏」がランダムに選ばれること、サイコロでは 1 から 6 の目のどれか 1 つが選び出されること、それらに対応しています。

　ただし、これまでのモデルと大きく異なる点があります。それは、確率を割り振る仕方です。

　これまでのコインやサイコロの例を真似るならば、この x が 0.4 や 0.73 などの個々の数値を事象に仕立てた {0.4} や {0.73} などを素事象として、それに「同様に確からしく」確率を割り振るべきでしょう。しかし、[0, 1]-ルーレット・モデルに対しては、それは適切ではないのです。なぜでしょうか。

　ここで、正規化条件を思い出してください。確率モデルでは、できごと全体に確率 1 を割り振らなくてはなりません。仮に、各数 x に対して、事象 $\{x\}$ に同一の確率 a を割り振るとすると、$0 \leqq x \leqq 1$ の範囲の数 x が無限個あることから、

　　（$0 \leqq x \leqq 1$ なる x すべてに対する、$\{x\}$ の確率の和）
　　＝（無限個の a の和）＝ 1

とならなければならず、$a = 0$ でないと矛盾します。しかし、$a = 0$ だとすると、今度は次の 2 つの困難が生じることになります。

第一の困難：無限個の 0 を足して 1 になる、ということの意味は何か？
第二の困難：$0 \leqq x \leqq 1$ なる各 x に対して、その確率 $p(\{x\}) = 0$ だと、例えば、$0 \leqq x \leqq 0.5$ なる x が選ばれる確率をどう計算したらよいのか？

どちらも乗り越えるのが難しいです。そこで、これらの困難を回避するために、確率の設定を今までとは切り替えて、次のようにするのです。

> **[0, 1]-ルーレット・モデルでの確率の設定**
> [0, 1]-ルーレット・モデルでは、$0 < t \leq 1$ を満たす各 t に対して、「0以上 t 未満の数」の集合を基本の事象とする。つまり、
> E = $\{0 \leq x < t$ をみたす $x\}$
> が基本の事象。そして、この事象 E に対する確率を、
> $p(E) = t$
> と割り振る。以降、この事象 E を $\{0 \leq x < t\}$、その確率 $p(E)$ を $p(0 \leq x < t)$ と略記する。

例えば、$t = 0.5$ とすると、事象 $\{0 \leq x < 0.5\}$ は「0以上0.5未満の数が選ばれる」という意味の事象になります。ルーレットで言えば、$0 \leq x < 0.5$ の範囲の番号に球が落ちる、ということです。この範囲は「0以上1以下の数」に対して、比率的に「半分」と判断できますから、この確率を 0.5（$= t$）と割り振れば、「同様に確からしい」という見方とつじつまが合っています。同様にして、$t = 0.7$ とすると、事象 $\{0 \leq x < 0.7\}$ は「$0 \leq x \leq 1$ の7割」と見なすことで、事象 E の確率を 0.7（$= t$）と設定するのは自然なことです。このことは、**図表16-3** のように面積図で考えれば、これまでの確率の捉え方を踏襲したものであるとわかります。

図表16-3 [0, 1]-ルーレットの確率

[0, 1]-ルーレットの面積図

| E | $0 \leq x < 0.5$ | |

長方形の面積は 0.5 → $p(0 \leq x < 0.5) = 0.5$

| E | $0 \leq x < 0.7$ | |

長方形の面積は 0.7 → $p(0 \leq x < 0.7) = 0.7$

16-4 ［0, 1］-ルーレット・モデルでの一般事象の確率

［0, 1］-ルーレットの確率モデルでは、前節での基本設定をしたことによって、必要な事象の確率はすべて「確率の加法法則」によって計算してしまうことができます。

例えば、「$0.5 \leq x < 0.7$ の範囲の数 x が選ばれる」という事象 $\{0.5 \leq x < 0.7\}$ の確率を求めてみましょう。$0 \leq x < 0.5$ の範囲と $0.5 \leq x < 0.7$ の範囲を合併すれば、$0 \leq x < 0.7$ の範囲となります。したがって、確率の加法法則から、

$$p(0 \leq x < 0.5) + p(0.5 \leq x < 0.7) = p(0 \leq x < 0.7)$$

前節で設定した通り、第1項が0.5、第3項が0.7ですから、第2項は、

$$p(0.5 \leq x < 0.7) = 0.7 - 0.5 = 0.2$$

と決まります。面倒な計算のように思えますが、$0.5 \leq x < 0.7$ が 0.2 の幅を持っていることを考えれば、その確率が 0.2 となるのはまったく必然だといえるでしょう（**図表16-4**）。

図表16-4 ［0, 1］-ルーレット・モデルの一般の事象

$0.5 \leq x < 0.7$

長方形の面積は0.2 → $p(0.5 \leq x < 0.7) = 0.2$

［0, 1］-ルーレット・モデルは、「$0 \leq x \leq 1$ の範囲の数からランダムに選ばれる」モデルですが、端点が0と1だということと、長さが1とい

うことで、非常に特別な例です。一般の一様分布は、例えば、「$2 \leq x < 5$ の範囲の数からランダムに選ばれる」のようなものとなっています。このような場合については、**図表16-5** を見て理解してください。

図表16-5 [2, 5]-ルーレットの確率

[2, 5]-ルーレットの面積図

$2 \leq x < t$

素事象は、図のような $\{2 \leq x < t\}$ のような事象。(ただし、t は $2 < t \leq 5$ を満たす)。
全体の長さが3であることを踏まえ、事象 $\{2 \leq x < t\}$ の長さは $t-2$ であるから、

$$p(2 \leq x < t) = \frac{t-2}{3}$$

と設定される(事象の区間の長さ÷3ということ)。

16–5 複雑な確率モデルを図示できる「確率分布図」

　一様分布は無限個の数から成る確率モデルですが、これだけを扱うのであれば、これまでのように長方形の図を使えば遜色ないです。しかし、同じ連続無限型の確率モデルであっても、あとの講で解説するベータ分布や正規分布の場合は、長方形の図示では理解が難しくなります。そこで、確率モデルを図示するための、長方形の面積図でない、他の方法を編み出さねばなりません。それが**確率分布図**です。
　確率分布図は、横軸に事象を表す数値を設定し、縦軸に確率を設定したグラフです。
　まず、サイコロの確率分布図を例として示して、慣れてもらうことにしましょう。**図表 16-6** を見てください。横軸に設定してあるのは、サイコロの目である1から6までです。そして、各棒の高さは、その目の出る確率（$\frac{1}{6}$＝約 0.17）を表しています。

図表16-6 サイコロの確率分布図

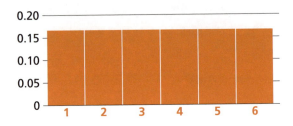

このグラフを見れば、事象たちの確率は視覚的に計算することができます。例えば、$2 \leqq x \leqq 4$ の目の出る確率は、2から4までの3本の棒の高さを合計して、

$$p(2 \leqq x \leqq 4) = p(\{2, 3, 4\}) = \frac{1}{6} + \frac{1}{6} + \frac{1}{6} = \frac{1}{2}$$

となります。

それでは次に、一様分布である [0, 1]- ルーレット・モデルの確率分布図を描いてみましょう。これは、6個の棒から成るサイコロの確率分布図が、無限に細かくなったものとイメージすればよいのですが、決定的に違うところがあるので、注意してください（**図表 16-7**）。

まず、横軸には $0 \leqq x \leqq 1$ なる数 x が並んでいます。したがって、グラフは、$0 \leqq x \leqq 1$ の範囲にだけあります。グラフは、高さが 1 の横線 AB となっています。ここに注意すべき点があります。**この「高さ1」は、各 x の選ばれる「確率」ではない**、ということです。実際、先ほど解説したように、各 x に対応する整合的な確率値は 0 だけですから、1 とするのは変です。例えば、$x = 0.5$ の上に立っている CD の長さ 1 は、0.5 の選ばれる確率ではないのです。

図表16-7 一様分布の確率分布図

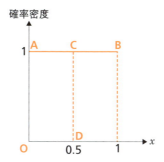

高さCDは「確率」ではなく、確率密度

　一様分布のような連続型の確率モデルの場合は、確率は「高さ」ではなく、「面積」として表します。面積で考えるなら、CDは単なる線ですから面積は0となって、これなら整合的になります。

　例えば、素事象 $\{0.5 \leqq x < 0.7\}$ の確率は、**図表16-8**の網掛け部の長方形の面積となります。この長方形は横が0.2、縦が1ですから、面積は $0.2 \times 1 = 0.2$ となって、前節で解説した素事象 $\{0.5 \leqq x < 0.7\}$ の確率と一致します。

図表16-8 連続型の確率分布図では確率は面積で表される

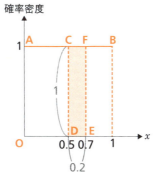

$\{0.5 \leqq x < 0.7\}$ の確率は長方形CDEFの面積

喩え話で言うならば、確率密度と確率の関係は、速度と距離のような関係です。例えば、分速10メートルというのは、距離としてのメートルを表しているわけではありません。分速は、あくまで瞬間のスピードを表しています。その意味では、距離は0です。分速10メートルというのは、「この状態を1分続ければ、10メートルの距離を進む」ということを表します。したがって、分速10メートルで5分進むと、10×5＝50メートルの距離となります。つまり、**速度というのは時間をかけることによって初めて距離に転換されるような量**、ということです。確率密度も同じ意味を持っています。**確率密度は、区間の幅を掛けて初めて確率に転換される量**なのです。

第16講のまとめ

❶ コインやサイコロは、各数が「同様に確からしい」と設定される確率モデル。
❷ $0 \leq x \leq 1$ の数が「同様に確からしい」と設定されるのが、[0, 1]-ルーレット・モデル。
❸ [0, 1]-ルーレット・モデルは、一様分布の確率モデルであり、事象 $\{0 \leq x < t\}$ という幅を持った区間を基本に考える。
❹ 事象 $\{0 \leq x < t\}$ の確率 $p(0 \leq x < t)$ は幅 t と設定される。
❺ 確率分布図とは、横軸に数値、縦軸に確率を設定したもの。連続型の場合は、縦軸は確率ではなく、確率密度になる。
❻ 一様分布の確率分布図は、水平な直線（線分）となる。事象の確率は長方形の面積となる。
❼ 一様分布では、（確率）＝（確率密度）×（区間の長さ）。

[0, 1]- ルーレット・モデルで、次の確率を求めよ。

(1) $p(0.2 \leqq x < 0.7) = ($　　$)$
(2) $p((0.1 \leqq x < 0.4) \text{ or } (0.5 \leqq x < 0.9)) = ($　　$)$
(3) $p((0.3 \leqq x < 0.7)$ と $(0.4 \leqq x < 0.8)$ の重なり$) = ($　　$)$

第17講

2つの数字で性格が決まる「ベータ分布」

17-1　ベイズ推定によく使われる連続型分布「ベータ分布」

　これまで扱ってきたベイズ推定では、事前分布のためのタイプの設定は、有限個でした。例えば、第1講のお客さんの購買の推定では、「買う人」「ひやかし」の2タイプ、第2講の腫瘍マーカーの例では、「ガン」「健康」の2タイプ、第4講の生まれてくる子供の性別の例では、「女児を産む確率0.4の夫婦」「女児を産む確率0.5の夫婦」「女児を産む確率0.6の夫婦」の3タイプでした。

　このような有限個のタイプで済むベイズ推定も多いのですが、他方では、タイプを連続無限個にしないと妥当と言えなくなる例もあります。例えば、第4講の生まれてくる子供の性別の例では、女児を産む確率 p を、0.4、0.5、0.6 と3通りだけ設定してあったのですが、これでは十分ではないでしょう。確率 p は $0 \leqq p \leqq 1$ を満たす任意の p とするのが妥当であることは疑いありません。こうなると、タイプは連続無限個となるので、事前分布を設定するには、連続型の確率分布が必要になります。

　そこでこの講では、ベイズ推定でよく使われる「ベータ分布」を解説しましょう。数学的にきちんと説明しようとすると微分積分に関する高度な

知識が必要になりますが、本書では、それらの厳密な解説は避け、できるだけ直観的で図解的な解説を試みることにします。

17-2 ベータ分布はどんな分布か

最初に「**ベータ分布**」と呼ばれる確率分布を紹介しましょう。まず、数式をお見せします。横軸 x が素事象の元となる数値を、縦軸 y が確率密度を表します。前講で解説したように、**確率密度とは「区間の長さを掛けると確率に転換される量」**のことです。

ベータ分布は、

$$y = (定数) \times x^{\alpha-1}(1-x)^{\beta-1} \quad (0 \leq x \leq 1) \quad \cdots (1)$$

という式で表されます。**ここで指数のところに乗っかっている α と β は、1 以上の自然数で、ベータ分布の種類を特定するもの**になります。つまり、α と β を具体的に与えると、ベータ分布が 1 つ決まるのです。α、β が小さい数のときは、ベータ分布のグラフは比較的単純な形になります。逆に、α、β が大きい数になると、ベータ分布のグラフは、けっこう複雑な形になります。また、(定数) と書いてある部分は、正規化条件（全事象の確率が 1）を成立させるための調整的な数値なので、ベイズ推定においてはそれほど重要ではありません。

いくつか例を示しましょう。

例 1：$\alpha = 1$, $\beta = 1$ の場合

$x^0 = 1$、つまり、「0 乗は 1 である」ことを思い出すと、(1)式は、

$$y = (定数) \times x^0(1-x)^0 = (定数) \times 1 \times 1 = (定数) \quad (0 \leq x \leq 1)$$

となります。この $y=$（定数）というグラフは、横線（x 軸と平行な線分）となりますから、結局、前講の $[0, 1]$-ルーレット・モデルと一致することになり、正規化条件から（定数）＝ 1 とならなければなりません。すなわち、

$$y = 1 \quad (0 \leqq x \leqq 1) \quad \cdots (2)$$

となります（**図表 17-1**）。

例 2：$\alpha = 2, \beta = 1$ の場合

先ほどの(1)式は、

$$y = (\text{定数}) \times x^1 (1-x)^0 \quad (0 \leqq x \leqq 1)$$

より、

$$y = (\text{定数})x \quad (0 \leqq x \leqq 1) \quad \cdots (3)$$

これは 1 次関数なので、**図表 17-2** で図示するように、グラフは右上がりの線分になります。（定数）＝ 2 となるのですが、理由はあとの節で解説します。

例 3：$\alpha = 1, \beta = 2$ の場合

先ほどの(1)式は、

$$y = (\text{定数}) \times x^0 (1-x)^1 \quad (0 \leqq x \leqq 1)$$

より、

$$y = (定数)(1-x) \qquad (0 \leq x \leq 1) \qquad \cdots (4)$$

これも1次関数で、**図表 17-4** で図示するように、グラフは右下がりの線分になります。(定数) = 2 となるのですが、理由はあとの節で解説します。

例4：α = 2, β = 2 の場合

先ほどの(1)式は、

$$y = (定数) \times x^1 (1-x)^1 \qquad (0 \leq x \leq 1)$$

より、

$$y = (定数) \times x(1-x) \qquad (0 \leq x \leq 1) \qquad \cdots (5)$$

これは2次関数なので、**図表 17-5** で図示するように、グラフは放物線の一部になります。(定数) = 6 となるのですが、理由はあとの節で解説します。

以降、これらの例を1つずつ詳しく解説していくこととしましょう。

17-3 α = 1, β = 1の例は[0, 1]-ルーレット

17-2 節で解説したように、α = 1, β = 1 の場合のベータ分布は [0, 1]-ルーレット・モデル（一様分布の1つ）となります。逆にいうと、[0, 1]-ルーレット・モデルはベータ分布の一種ということになります。グラフは**図表 17-1** となります。

図表17-1 α＝1, β＝1のベータ分布の確率分布図

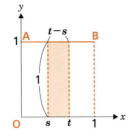

$p(s \leq x < t) = (t-s)$
これは、長方形の面積が
$1 \times (t-s)$ と計算されることによる。

17-4 　α＝2, β＝1の例

17-2節で示した通り、α＝2, β＝1の場合のベータ分布は、1次関数、

$$y = (定数)x \quad (0 \leq x \leq 1) \quad \cdots(3)$$

となります。グラフは、**図表17-2**のように、原点を通り右上がりの線分となります。確率分布図では、確率は面積ですから、全事象の確率 $p(0 \leq x \leq 1)$ は三角形 OAB の面積と一致します。正規化条件から、この面積は1でなければなりません。三角形の面積が、(底辺)×(高さ)÷2であることを思い出すと、底辺が1であることから、高さは2とわかります。すなわち、$x=1$ のとき $y=2$ でなければならず、(3)において(定数)＝2と決まります。

つまり、α＝2, β＝1のベータ分布は、

$$y = 2x \quad (0 \leq x \leq 1) \quad \cdots(6)$$

となります。

図表17-2 α＝2, β＝1のベータ分布の確率分布図

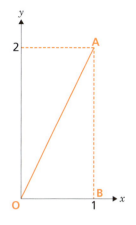

確率 $p(0 \leq x \leq 1)$ は、
三角形OABの面積となる。
ABの長さは2ならば、
$p(0 \leq x \leq 1) = 1 \times 2 \div 2 = 1$
となって正規化条件を満たす。
つまり、（定数）＝2となるため、
$y = 2x \quad (0 \leq x \leq 1)$
となる。

　このベータ分布での確率がどのようになるかを見るために、例えば、事象 $\{0.5 \leq x < 0.7\}$ の確率、$p(0.5 \leq x < 0.7)$ を求めてみることとしましょう。**図表17-3**を見てください。確率分布図では、事象の確率は面積として表現されるので、確率 $p(0.5 \leq x < 0.7)$ は、図中の網掛け部の台形の面積となります。台形の上底は $x = 0.5$ のときの y ですから、$y = 2 \times 0.5 = 1$。台形の下底は $x = 0.7$ のときの y ですから、$y = 2 \times 0.7 = 1.4$。これらは、確率ではなく、確率密度と呼ばれる量であることは前に解説しました。さらに台形の高さは、$0.7 - 0.5 = 0.2$ です。したがって、台形の面積は、$(1 + 1.4) \times 0.2 \div 2 = 0.24$ となります。すなわち、事象 $\{0.5 \leq x < 0.7\}$ の確率について、

$p(0.5 \leq x < 0.7) = 0.24$

と求まります。

図表17-3 ベータ分布 $y=2x$ での確率

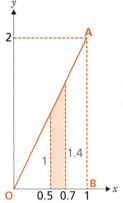

確率 $p(0.5 \leq x < 0.7)$ は、
網掛け部の台形の面積。
$p(0.5 \leq x < 0.7) = (1+1.4) \times 0.2 \div 2 = 0.24$

17-5　$\alpha=1, \beta=2$ の例

17-2 節で示した通り、$\alpha=1, \beta=2$ の場合のベータ分布は、1 次関数、

$$y = (定数)(1-x) \quad (0 \leq x \leq 1) \quad \cdots(4)$$

となります。グラフは、**図表17-4** のように、点 A(0,2) を通り右下がりの線分となります。確率分布図では、確率は面積ですから、全事象の確率 $p(0 \leq x \leq 1)$ は、三角形 OAB の面積と一致します。正規化条件からこの面積は 1 でなければなりません。底辺が 1 なので、高さが 2、すなわち、$x=0$ のとき $y=2$ でなければならず、(4) において（定数）$=2$ と決まります。つまり、$\alpha=1, \beta=2$ のベータ分布は、

$$y = 2(1-x) \quad (0 \leq x \leq 1) \quad \cdots(7)$$

となります。

図表17-4 α＝1, β＝2のベータ分布の確率分布図

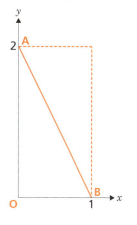

確率 $p(0 \leq x \leq 1)$ は、
三角形 OAB の面積となる。
したがって、
$p(0 \leq x \leq 1) = 1$ となるためには、
線分 OA の長さは 2 でなければならない。
つまり、（定数）＝ 2 となるため、
$y = 2(1-x)$　（$0 \leq x \leq 1$）
となる。

17-6 α＝2, β＝2の例

17-2 節で示した通り、α＝2, β＝2 の場合のベータ分布は、2 次関数

$$y = (定数) \times x(1-x) \quad (0 \leq x \leq 1) \quad \cdots (5)$$

となります。グラフは、**図表 17-5** のように、放物線（2 次関数のグラフ）の一部となります。確率分布図では、確率は面積ですから、全事象の確率 $p(0 \leq x \leq 1)$ は、放物線と x 軸が囲む図形の面積と一致します。正規化条件から、この面積は 1 でなければならないので、積分という計算方法でこの面積を計算すれば、(5) において（定数）＝ 6 と決まります。つまり、α＝2, β＝2 のベータ分布は、

$$y = 6x(1-x) \quad (0 \leq x \leq 1) \quad \cdots (8)$$

となります。

この確率分布において、事象 $\{0.5 \leqq x < 0.7\}$ の確率、$p(0.5 \leqq x < 0.7)$ を求めるには、図の網掛け部の面積を求めればよいのですが、これは曲線図形になるため、積分計算が必要になります。数式で書くなら、

$$p(0.5 \leqq x < 0.7) = \int_{0.5}^{0.7} 6x(1-x)\,dx$$

です。
　ベイズ推定が初学者にハードルが高いのは、このように、かなり初歩でも微分積分の考え方が必要になるからです。スタンダードな統計学（ネイマン・ピアソン統計学）でも、もちろん、微分積分は必要不可欠なのですが、一般のユーザーが利用する程度の推定であれば、微分積分を避けて通ることも可能で、多くの教科書ではそのような書き方をしています。一方、ベイズ推定の場合は、このあとの講を読めばわかるように、初歩的な推定を行う場合でも微分積分を避けて通ることができません。そこで、本書では、妥協案をとることにしました。すなわち、確率密度関数は解説するがそれ以上に微分概念を持ち込まない、また、確率分布図において確率が面積であることは解説するが、面積を具体的に積分で計算する仕方は省略す

図表17-5　α＝2, β＝2のベータ分布の確率分布図

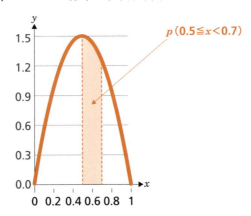

る、ということです。要するに、ぎりぎりで微分積分に深入りしないラインを保つわけです。

17-7 ベータ分布はα、βが大きくなると複雑になる

ベータ分布において、α、βが2以下なら、前節までで見たように、比較的簡単な図形になります。一方、2より大きいα、βの場合は、一般の人はあまり馴染みのない図形になります。参考のために、α、βの大きな例を1つだけ示しておくこととします。α＝4, β＝3の場合のベータ分布で、

$$y = 60x^3(1-x)^2 \qquad (0 \leq x \leq 1) \qquad \cdots (9)$$

です。グラフは、**図表 17-6** となります。

図表17-6 α＝4, β＝3のベータ分布の確率分布図

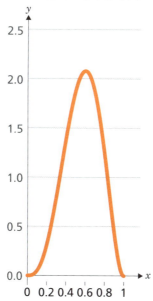

第17講のまとめ

❶ ベータ分布は x のべき乗と $(1-x)$ のべき乗を掛けた形。

❷ x の0乗と $(1-x)$ の0乗の場合、一様分布と一致する。

❸ x の1乗と $(1-x)$ の0乗の場合、x の0乗と $(1-x)$ の1乗の場合は、確率分布図は線分になる。

❹ x の1乗と $(1-x)$ の1乗の場合、確率分布図は放物線になる。

❺ 定数は、正規化条件（全面積が1）から決まる。

練習問題

$\alpha = 3, \beta = 2$ のベータ分布の確率密度は、次の式で与えられる。

$$y = 12x^2(1-x)$$

このとき、次の x についての確率密度を求めよ。

(1) $x = \dfrac{1}{2}$ の確率密度

(2) $x = \dfrac{1}{3}$ の確率密度

(3) $x = 1$ の確率密度

第18講

確率分布の性格を決める「期待値」

18–1 確率分布を1つの数値で代表させるには

　ベイズ推定では、タイプに対する事後確率が求まります。例えば第2講では、検査で陽性と出たことから、「ガンである事後確率が4.5パーセント」「健康である事後確率が95.5パーセント」と求まりました。これは、ガンを1、健康を0と数値化すれば、$x = 0, 1$に関して確率分布が得られたことと同じです。この場合は、これで一件落着としても問題はないでしょう。

　しかし、第4講での、ある夫婦に女児が生まれたことから、「次の子も女児である事後確率」という場合は、事情が違います。第4講では、この夫婦に女児が生まれる確率というのを「0.4」「0.5」「0.6」の3種類設定し、それぞれがどの程度の確からしさかを求めました。ベイズ推定の結果は、「0.4」である事後確率は27パーセント、「0.5」である事後確率は33パーセント、「0.6」である確率は40パーセントとなりました。つまり、$x = 0.4, 0.5, 0.6$と設定したときの確率分布が0.27, 0.33, 0.4と求まったわけです。しかし、この結論では、「夫婦に次に女児が生まれる確率」を答えていることにならないので、1つの数値で答える方法を解説しまし

た。それが「**期待値**」という数値だったわけです。第4講では、期待値の計算の仕方を解説しましたが、期待値が持つ意味については詳しくは説明しませんでした。私たちはすでに、確率分布という考え方を手に入れたので、ここで「期待値」についてきちんと解説することとしましょう。

18-2 期待値の計算の仕方

確率分布を1つの数値で代表させた「期待値」を計算する方法を、具体的な例を挙げながら解説しましょう。最初に、第14講で挙げた天気の確率モデルを例とします。素事象の集合が、

{晴れ, 曇り, 雨, 雪}

となっていて、それぞれの確率が、

$p(\{晴れ\})=0.3, \quad p(\{曇り\})=0.4, \quad p(\{雨\})=0.2, \quad p(\{雪\})=0.1$

と設定されていました。

ここで、確率分布図を作るために、素事象を数値化しておきましょう。天気が悪いほど大きな数値を割り振ることにして、

晴れ→1, 曇り→2, 雨→3, 雪→4

と設定します。すると確率分布図は、**図表18-1**のようになります。

このグラフは、「どの天気が、どのくらいの頻度で起きるか」を表しています。ここで私たちの知りたいことは、「この土地の天気は、ざっくりいえばどのくらい？」であるとしましょう。すなわち、「**この土地の天気を1つの数値で表したら？**」ということです。それを教えてくれるのが、

期待値なのです。

図表18-1 天気の確率分布図

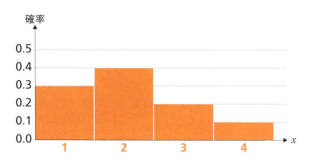

期待値は、次のように計算されます。

（確率分布の期待値）＝（数値）×（その数値をとる確率）の合計

この天気の確率分布の例に適用すると、

（天気の確率分布の期待値）＝1×0.3＋2×0.4＋3×0.2＋4×0.1＝2.1

となります。この計算は、図表18-1の確率分布図では、「**横軸上の数値とその上の棒の高さをかけ算して合計する**」ことを意味しています。

結果として得られた数値2.1を言葉で解釈すると、「**この土地の天気は、曇りからほんのわずかに雨の側寄り**」ということになるのです。

期待値の計算で、（数値）×（その数値をとる確率）というかけ算は、「重みをつける」という意味になっています。例えば、雨は「3」という数値で表されるわけですが、それが起きるのが全体の0.2の比率なので、「3の影響力を0.2倍に弱めてから加える」ということをしているわけです。このような計算を「**加重平均**」と呼びます。

18-3 長期的には、期待値は現実を言い当てる

ここで、期待値の数値的な意味を説明しておきましょう。

前節の天気の例で考えます。この例の場合、もしもあなたが毎日その日の天気を

　　晴れ→1，　曇り→2，　雨→3，　雪→4

として、N日という長期にわたって記録していったなら、確率が

$$p(\{晴れ\})=0.3,\ p(\{曇り\})=0.4,\ p(\{雨\})=0.2,\ p(\{雪\})=0.1$$

であることから、おおよそ
晴れは0.3N日、曇りは0.4N日、雨は0.2N日、雪は0.1N日
と実現されることになるでしょう。したがって、あなたが記録した数値の合計は、おおよそ

$$1\times0.3N+2\times0.4N+3\times0.2N+4\times0.1N$$
$$=(1\times0.3+2\times0.4+3\times0.2+4\times0.1)N$$
$$=2.1N$$

となります。2.1が期待値だったことを思い出しましょう。したがって、

　　（実際の点数のN日分の合計）≒（期待値のN個の合計）

となります。つまり、「**あなたが毎日、期待値を合計していけば、長期的には、現実の点数の合計とほとんど同じ値になる**」ということです。この

ことが示すのは、**期待値は、長期の合計の意味では、現実を言い当てる**ということです。これが、期待値の意味の最も直接的な説明となります。

18-4 期待値は、確率分布図をやじろべえとしたときの支点

次に、**期待値の図形的な捉え方**を説明しましょう。結論を先に言うと、**期待値は、確率分布図をやじろべえと見なした場合の釣り合いの支点**ということです。**図表 18-2** を見てください。天気の確率分布図を（段ボールなどで）具体的に作って、それをやじろべえに仕立てましょう。そのとき、**期待値の場所を支点として支えれば、左右の釣り合いが生み出されて、このやじろべえは安定する**のです。

図表18-2 期待値はやじろべえの支点

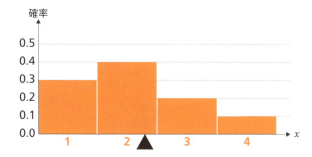

確率分布図からやじろべえを作ると、
期待値の点を支点とすれば、釣り合いが得られる。

なぜそうなるかを、おおざっぱに説明すると以下のようになります。
m の場所に支点を取ると、例えば、x のところには

（上に乗っている棒の高さ）×$(x-m)$

の回転力（専門的にはモーメントと呼ばれる）がかかります。プラスなら時計回り方向の回転力、マイナスなら反時計回り方向の回転力が与えられます。例えば、1の点には、0.3×(1－m)の回転力が反時計回りにかかるわけです（**図表18-3**）。

図表18-3 やじろべえにかかる回転力

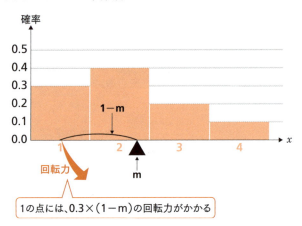

「やじろべえが釣り合って安定する」とは、この回転力の和が0になる（どちらの方向にも力がかからない）ことです。したがって、

$$0.3\times(1-m)+0.4\times(2-m)+0.2\times(3-m)+0.1\times(4-m)=0$$

を成立させる m が、「釣り合いを作るための支点」の位置となります。これを計算すると、

$$1\times0.3+2\times0.4+3\times0.2+4\times0.1=(0.3+0.4+0.2+0.1)m$$

右辺のカッコの中は、正規化条件から1となります。左辺はいうまで

もなく期待値です。つまり、

（xの期待値）＝m

となり、期待値の数値を支点 m とすれば、回転力の和が 0 となり釣り合いが実現されることがわかりました。このことは、どんな確率分布でも成り立ちます。

18–5　サイコロと女児のケースで期待値を求める

期待値の定義と意味の解説を終えたので、2 つの例について、期待値を求め、図示してみることとしましょう。

1 つは、サイコロの期待値です。サイコロの素事象は、

$\{1, 2, 3, 4, 5, 6\}$

確率は、

$p(\{1\}) = \frac{1}{6}$, $p(\{2\}) = \frac{1}{6}$, $p(\{3\}) = \frac{1}{6}$, $p(\{4\}) = \frac{1}{6}$,
$p(\{5\}) = \frac{1}{6}$, $p(\{6\}) = \frac{1}{6}$

となっていましたから、定義通り計算すれば、

（サイコロの期待値）＝$1 \times \frac{1}{6} + 2 \times \frac{1}{6} + 3 \times \frac{1}{6} + 4 \times \frac{1}{6} + 5 \times \frac{1}{6} + 6 \times \frac{1}{6} = 3.5$

となります。

これは、やじろべえの釣り合いで考えれば、計算しなくてもわかります。

図表18-4のように、サイコロの確率分布図は左右対称ですから、やじろべえに仕立てたとき、釣り合いを生み出す支点は、真ん中でなければなりません。したがって、期待値が3.5となるのは当然のことです。

図表18-4 サイコロの期待値

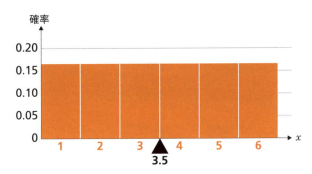

サイコロの確率分布図は左右対称だから、釣り合いの支点は真ん中の3.5

次に第4講で解説した、「ある夫婦に次に女児が生まれる確率」の確率分布についての期待値を振り返っておきましょう。

この例では、$x = 0.4, 0.5, 0.6$ と設定したときの確率分布が0.27, 0.33, 0.4となっていました。

したがって、期待値を計算すれば、

$$(xの期待値)=0.4×0.27+0.5×0.33+0.6×0.4=0.513$$

となりました（68頁）。

このモデルをもう一度振り返ると、次のようになります。ある夫婦の最初の子供が女児であったとき、「この夫婦に次に生まれる子供が女児である確率は、0.4か0.5か0.6か」という問題設定をしました。そして、ベイズ推定によって、それらの事後確率は、0.4, 0.5, 0.6それぞれについて、

0.27, 0.33, 0.4 となりました。これは、次も女児が生まれる確率が 0.4 である可能性は 0.27、0.5 である可能性は 0.33、0.6 である可能性は 0.4、ということを意味していました。これらは、「確率の確率」という二重の確率となっており、「確率についての確率分布」となっているわけです。

図表18-5 ある夫婦の次の子供が女児である確率の期待値

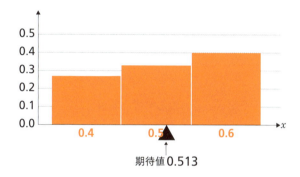

　わたしたちは、3種類の確率 0.4, 0.5, 0.6 について、それぞれである可能性の数値を知ったわけですが、わたしたちが本当に知りたいのは、「結局、この夫婦に次に生まれる子どもが女児である確率はいくつなのか？」です。それを見積もるものとしては、期待値が適切な指標になります。**期待値は、確率分布を代表する数値**だからです。したがって、**図表 18-5** から、

　　（1人目の子供が女児であった夫婦に、次にも女児が生まれる確率）
　　＝0.513

と推定すべきだということになります。何も情報がないときは、0.5 と考えるのが妥当ですが、1人目が女児であったことから、**ベイズ推定では、次も女児である確率を五分五分よりわずかに大きく見積もる**、ということです。

18-6 ベータ分布での期待値を求める

　以上を踏まえて、連続型確率分布の期待値を考えることとしましょう。連続型の確率分布では、連続無限個の数値について確率密度が与えられるので、そのあり方を各数値から捉えるのはとても難しく、グラフの形状で把握するしかありません。そうなると、分布を1つの数値で代表することのできる期待値の役割が非常に重要になります。

　ここでは、連続型確率分布の期待値の例としてベータ分布の期待値を解説することとします。とは言っても、連続型の場合、期待値を定義し計算するためには積分計算が必要になるので、本書では結果のみの紹介となります。

　第17講で解説したように、ベータ分布というのは、α、βを1以上の定数として、

$$y = (定数) \times x^{\alpha-1}(1-x)^{\beta-1} \qquad (0 \leq x \leq 1)$$

という形で与えられました。xが事象の元となる数値で、yは確率密度でした。このベータ分布の期待値を天下り的に与えると、次の公式となります（解説は266項の補論）。

$$（ベータ分布の期待値） = \frac{\alpha}{\alpha + \beta}$$

　以下、第17講で例示したベータ分布たちについて、その期待値をこの公式で計算し、図示していくこととしましょう。

　まず、$\alpha = \beta = 1$の場合のベータ分布は、定数関数

$$y = 1 \quad (0 \leq x \leq 1)$$

で、その期待値は、

$$\frac{\alpha}{\alpha+\beta}=\frac{1}{1+1}=\frac{1}{2}$$

となります。これは、確率分布図が左右対称であることからやじろべいの支点が真ん中となるので、当たり前の結果です。

図表18-6 $\alpha=1$, $\beta=1$のベータ分布の期待値

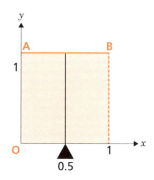

$\alpha=2$, $\beta=1$の場合のベータ分布は、1次関数

$$y=2x \qquad (0\leqq x\leqq 1)$$

で、その期待値は、

$$\frac{\alpha}{\alpha+\beta}=\frac{2}{2+1}=\frac{2}{3}$$

となります。

これは、2：1の比率に分ける点に支点を取れば、やじろべえが釣り合うということです。**図表18-7** を眺めていると、この点で釣り合いが満た

されることはなんとなく納得できることでしょう。

図表18-7　α＝2, β＝1のベータ分布の確率分布図

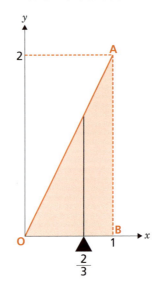

α＝1, β＝2の場合のベータ分布は、1次関数

$$y = 2(1-x) \quad (0 \leqq x \leqq 1)$$

で、その期待値は、

$$\frac{\alpha}{\alpha+\beta} = \frac{1}{1+2} = \frac{1}{3}$$

となります。これは、1つ前の例と左右逆の分布図となるので、やじろべえの釣り合いも、左右を逆転させたものになることは明白でしょう。

図表18-8 α＝1, β＝2のベータ分布の期待値

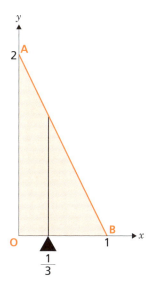

α＝2, β＝2の場合のベータ分布は、2次関数

$$y = 6x(1-x) \quad (0 \leqq x \leqq 1)$$

で、その期待値は、

$$\frac{\alpha}{\alpha+\beta} = \frac{2}{2+2} = \frac{1}{2}$$

となります。この確率分布図は放物線で、左右対称ですから、やじろべえの支点が真ん中になるのは、当然のことです。

図表18-9 α＝2, β＝2のベータ分布の期待値

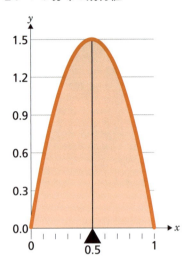

最後に、α＝4, β＝3の場合のベータ分布は、

$$y = 60x^3(1-x)^2 \qquad (0 \leq x \leq 1) \qquad \cdots(9)$$

という式になりました。この期待値は、

$$\frac{\alpha}{\alpha+\beta} = \frac{4}{4+3} = \frac{4}{7}$$

となります。

図表18-10 α＝4, β＝3のベータ分布の確率分布図

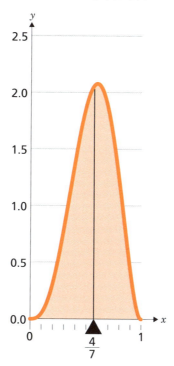

第18講 確率分布の性格を決める「期待値」

第18講の まとめ

❶期待値は、確率分布を1つの数値で代表させた数値。

❷期待値は、

（数値）×（その数値をとる確率）の合計

で計算される。

❸期待値は、たくさんの合計の意味では現実を言い当てる。すなわち、

（N回で実現した数値の合計）≒（期待値のN倍）

が十分大きなNについて成り立つと考えられる。

❹期待値は、確率分布図のやじろべえの釣り合いの支点となる。

❺α, βを定数とするベータ分布の期待値は、$\frac{\alpha}{\alpha+\beta}$

練習問題

(1) 1等の10000円が当たる確率は0.01、2等の5000円が当たる確率は0.03、3等100円が当たる確率は0.1のクジがある。このクジの賞金の期待値は
(　　)×(　　)＋(　　)×(　　)＋(　　)×(　　)＝(　　)円

(2) ベータ分布 $y = 1320x^7(1-x)^3$ の期待値は、

$$\frac{(\quad)}{(\quad)+(\quad)} = (\qquad)$$

column 主観確率とは、どんな確率か

　主観確率は耳慣れない言葉ですが、確率の考え方としては由緒正しいものです。確率を数学で扱うようになったのは、17世紀フランスの数学者、パスカルとフェルマーの研究以降ですが、「確からしさ」という考え方自体はそれよりずっと前からありました。そこでの「確からしさ」とは、「どのくらい信憑性があるか」「その証拠にどのくらい説得力があるか」という「主観的」なものだったのです。

　このような「信憑性」「証拠能力」こそ確率だ、と考えた人に、17世紀ドイツの数学者ライプニッツがいます。法学者でもあったライプニッツは、裁判での推論を考察しました。裁判では、被告人の有罪を証拠から証明していきます。このとき、被告人が有罪である「信憑性」は主観確率として構成される、と説きました。

　主観確率を明確な数学理論に仕立てたのは、160頁のコラムで紹介した20世紀アメリカのサベージでした。サベージは経済学の伝統的な手法を使いました。今あなたは、出来事Aが起きたら1万円もらえるクジfと、出来事Bが起きたら1万円もらえるクジgについて、どちらが欲しいか訊ねられたとします。そしてあなたが、クジfと答えたとしましょう。ちなみに、これを経済学では、$f > g$、と記します。このとき、あなたは明らかに、AのほうがBより「確からしい」と見積もっていると言えます。このような無数のアンケートにあなたが答えることによって、すべての事象に対して、その「確からしさ」の大小関係が浮き上がることになり、その関係性が確率を定義するというわけです。今の例では$p(A) > p(B)$、が顕示されたことになります。もちろん、この確率の不等式はあなたの主観によるものであることは言うまでもありません。このようにして構成されるのが主観確率だとサベージは主張したのです。

第19講

確率分布図を使った高度な推定❶
「ベータ分布」の場合

19-1 女児のケースをより正確に推定する

　前講でやっと準備が整いましたから、いよいよ、ベータ分布を使ったベイズ推定のやり方を解説することとしましょう。

　例に使うのは、第4講で例とした「ある夫婦の1人目の子供が女児だったら、次の子供も女児である確率はいくつか？」という問題です。第4講では、かなり不完全な設定でベイズ推定を行いました。それは、この夫婦のタイプ「女児が生まれる確率」を設定した際に、0.4、0.5、0.6の3種類しか考えなかった、という点です。この3種類に限られる根拠はどこにもありません。自然な設定をするなら、タイプ「女児が生まれる確率」を0以上1以下のすべての数値とすべきでしょう。第4講の時点では、事前確率を有限個のタイプに対してしか設定できませんでしたが、連続型の確率分布を扱えるようになった今、自然な設定でのベイズ推定が可能となりました。本講では、ベータ分布を使って、それを実行することとしましょう。

19-2　一様分布を事前分布に設定して推定する

　ある夫婦に女児が生まれる確率を x とします。この x はその夫婦の「タイプ」を表します。タイプはもちろん未知ですから推測の対象となります。

　タイプ x は 0 以上 1 以下であることは当たり前ですが、どれであるかは全くわかりません。したがって、どのタイプがどの程度ありうるかについての事前確率を設定します。ここで、x が 3 通りのときは、各 x に設定する数値は事前「確率」でよかったのですが、今回は、x は連続無限個になるので、設定する数値は**確率密度**となります（確率密度については、第 16 講で解説しました）。タイプについての可能性の設定を確率密度にする場合は、これを**「事前分布」**と呼びます。

　ここでは、とりあえず、x の事前分布を表す確率分布は一様分布である、と仮定します。

　これは、夫婦のタイプがどんな x であることも対等（同様に確からしい）と仮定することです。読者の中には、この仮定に首をかしげる人もいるでしょう。「x が 0 に近い場合や 1 に近い場合と、0.5 に近い場合とが対等というのは変」というのはもっともな疑問です。この疑問に対応できるような事前分布については後のほうの節で解説しますので、ここでは、出発点として、一様分布の事前分布を考えることとしましょう。

　タイプ x（x はある夫婦に女児が生まれる確率）についての事前分布を、

$$y = 1 \quad (0 \leq x \leq 1)$$

と設定します。これは、どのタイプ x の可能性も確率密度 1 であることを意味しています。これは、第 4 講の図表 4-1 で $p = 0.4, 0.5, 0.6$ の 3 つを対等に（確率 $\frac{1}{3}$ ずつに）設定したものを無限に細かくし、一様に（確率密度 1 ずつで）設定するようにしたと解釈すればよいです。どのタイ

プに割り当てられた確率密度も同じですから、すべて対等であることが仮定されているわけです。また、くどいようですが、確率密度1を確率と誤解しないでください。確率密度は確率とは異なります。確率密度は、xについての幅をかけ算し面積化したとき、初めて確率になる量です。

図表 19-1 を見てください。事前分布は、x 軸の上部の部分です。

図表19-1 タイプが一様分布の場合

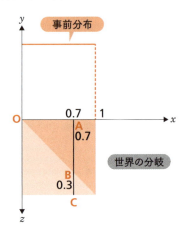

次に、x 軸の下に描いた長方形は、第4講の図表4-3の長方形分割に対応しています。つまり、世界が可能世界に分岐する様子です。図表4-3では6個の長方形に分岐していましたが、図表19-1では無限の線分（ABやBCがその1つ）に分岐しています。

有限から無限に変化する様子を**図表19-2**に図示しました。

図表19-2　有限から無限へ

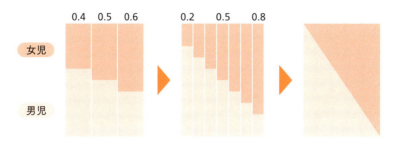

さて、図表 19-1 はこう見てください。すなわち、例えば図中の $x = 0.7$（点 A）は、夫婦のタイプが 0.7 であること、すなわち、「この夫婦に生まれる子供が女児である確率」が 0.7 である可能世界を表しています。したがって、この夫婦の初めての子供が女児（という可能世界）の確率密度は、0.7 となります。これが線分 AB の長さとして表現されています。当然、男児である確率密度は、0.3 であり、それが線分 BC の長さで表されています。ここでは表面上は気になりませんが、実は＆の事象の確率法則（181 頁）が使われています。すなわち

$$
\begin{aligned}
（ABの長さ）&=（タイプが x=0.7 である確率密度）\\
&\quad \times（タイプが x=0.7 の下で、女児が生まれる確率）\\
&=（x=0.7 のときの y）\times p(女児 \mid x=0.7)\\
&= 1 \times 0.7 \\
&= 0.7
\end{aligned}
$$

となっているのです。このことは 19-3 節以降では本質的になります。

さて、「この夫婦の最初の子供が女児だった」という情報が得られたとしましょう。すると、図表 19-1 において、薄いほうの網掛け部の線分たち（男児が生まれた、という可能世界）は消滅し、濃いほうの網掛け部の線分たち（女児が生まれた、という可能世界）だけが残ります。それが、

図表 19-3 です。

図表19-3　男児が生まれた可能世界が消える

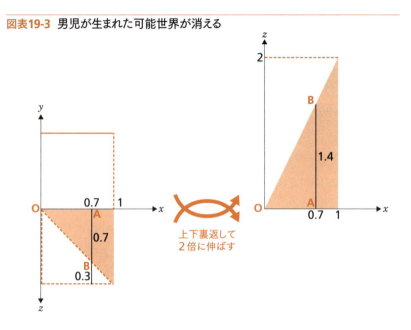

　男児が生まれたという可能世界が消滅すると、正規化条件（全事象の確率が1）が満たされなくなるのは今までと同じです。女児が生まれたという可能世界（濃い網掛け部の三角形）の面積は0.5ですから、これが1の面積となるように、各線分の比例関係を保ったまま確率密度を変更しなければなりません。**各線分を2倍に延長すれば、正規化条件が満たされる**ようになります（三角形の高さが2倍になる）。それを行ったのが図表19-3の右側です。これは左側の x 軸より下の部分を裏返して、縦方向に2倍に伸ばした図です。この**右側の図が、ベータ分布の $\alpha = 2$、$\beta = 1$ の場合となっている**ことに注目してください（第17講参照）。これが、「夫婦の初めての子供が女児であった」という情報を得た下での夫婦のタイプ x に関する事後分布となります。ここでも、事後確率ではなく、事後分布と表現していることに注意してください。分布図が確率密度を表したもの

だからです。事後分布は、**図表 19-4** のようになります。

図表19-4 事前分布と事後分布

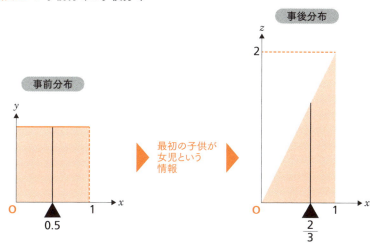

　図を見てわかるように、この夫婦に最初の子どもが生まれる前のタイプ x に関する事前分布は、一様分布（どのタイプ x であることも対等）となっているのですが、最初の子供が女児であったという情報を得ることによって、タイプ x に関する事後分布は、$z = 2x$ というベータ分布に改訂されました。これは、タイプ x の事後確率密度が、x が大きいほど大きくなることを意味しています。

　ここで読者が、タイプ x に関する分布ではなく、「この夫婦に次も女児が生まれる確率」そのものを推定したい、と考えるなら、x の確率分布の**期待値**を計算するのがよいでしょう。事前分布も事後分布もベータ分布ですから、それらの期待値は前講から得られます。左側の一様分布（$\alpha = 1$、$\beta = 1$ のベータ分布）の期待値は 0.5 で、右側の $\alpha = 2$、$\beta = 1$ のベータ分布の期待値は $\frac{2}{3}$ でした。したがって、事前には五分五分と推定していた「女児の生まれる確率」が、「初めての子供が女児」という情報を得

たあとは、$\frac{2}{3}$ という数値に改訂されることになるわけです。

19-3　2人目も女児だったときの推定

　ベータ分布を使う御利益を知るために、この夫婦に2人目に生まれた子供も女児だった場合のベイズ推定をやってみましょう。
　この推定は、タイプについての事前分布が一様分布で、そこから2人連続で女児が生まれた世界、という設定で求めることができます。しかし、第12講で解説した「**ベイズ推定の逐次合理性**」という性質（12-4節）によって、前節で求めた事後分布（$z = 2x$）を事前分布に再設定して、その下で再び女児が生まれた、という情報によって事後分布を求めても同じです。そこで、この方法でベイズ推定を行うこととしましょう。

　図表19-5の左側を見てください。x軸より上の部分が事前分布で、設定通り、ベータ分布 $y = 2x$ です。そして、下図はこの夫婦に女児が生まれた、という情報の下での世界の分岐となっています。結論を先に述べると下図の網掛け部の境界となっている曲線は、放物線

$$z = 2x^2 \quad \cdots (1)$$

となります。この放物線より上の網掛け部が、夫婦がタイプ x の場合に女児が生まれる確率密度を表します。また、夫婦がタイプ x の場合に男児が生まれる確率密度は直線OFと放物線(1)とが挟む部分が表すことになります
　夫婦がタイプ x の場合に女児が生まれる確率密度が(1)式となるのは、第15講で解説した「&の事象の確率法則」（181頁）によります。タイプ x の夫婦に女児が生まれる確率密度は x そのものですから、条件付確率 p(情報｜タイプ) において、タイプ＝「x」、情報＝「女児」とすれば、

図表19-5 事前分布と事後分布

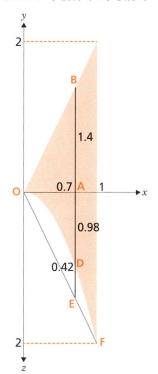
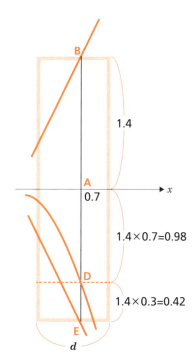

この確率モデルでは、

$$p(女児 \mid x) = x$$

という設定になっています。したがって、

$$p((夫婦がタイプx) \& (タイプxの夫婦から女児が生まれる))$$
$$= p(タイプx) \times p(女児 \mid x)$$
$$= 2x \times x$$
$$= 2x^2$$

となるわけです。

　ここで、「どうして、確率密度についても確率と同じく、かけ算で&の確率密度を求められるのか」について、説明しましょう（わずらわしいと感じる人は、この説明は飛ばしてもさしつかえありません）。それが**図表19-5**の右側です。ここでは、タイプ$x = 0.7$を例としています。夫婦がタイプ0.7である可能世界を、x軸の上部の微少長方形で近似しています。幅を微小なdと設定すれば、0.7を中心とする微小幅dの範囲のタイプxたちに関しては、その確率密度がみな1.4だと見なしても遜色ない、と考えるのです。すると、夫婦がこの長方形に属する（この可能世界に属する）確率はd×1.4です。ここでは、確率密度に幅をかけ算すると確率に転換されることを使っています。そして、この世界に属する夫婦に女児が生まれる確率は0.7ですから、（夫婦がタイプ0.7に属する）&（タイプ0.7の夫婦から女児が生まれる）という可能世界は、x軸より下にある長方形のADの部分の長方形で近似できます。

　この長方形において、点Dは0.7と0.3の比率に分割するところにありますから、この面積は、（d×1.4）×0.7と求まります。すると、ADの長さは（幅dを除去して）1.4×0.7 = 0.98だとわかります。

　さて、「2人目も女児が生まれた」という情報によって、図表19-5左図のOFと放物線(1)とで挟まれた部分が消滅し、放物線(1)とx軸とで挟まれた部分（網掛け部）だけが残ります。この面積は1ではありませんから、いつものように正規化条件を使って、面積を1にする必要が生じます。

　ここで、2次関数$y = （定数）x^2$は$\alpha = 3, \beta = 1$の場合のベータ分布になることに注目しましょう。このことから、正規化条件を満たした事後分布は、

$$y = 3x^2 \qquad (0 \leq x \leq 1)$$

となります（係数が3になることは、推定にとって重要ではないので、理由は省略します）。

すると、この $\alpha = 3, \beta = 1$ のベータ分布の期待値は、前講の公式によって、

$$\frac{\alpha}{\alpha + \beta} = \frac{3}{3+1} = \frac{3}{4}$$

と求まります。つまり、**2人連続で女児の生まれた夫婦に次も女児が生まれる確率は $\frac{3}{4}$**、とするのが、ベイズ推定の結論なのです。

図表19-6 2人目も女児だった場合の事後分布

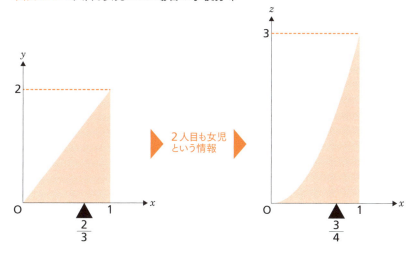

19-4　一様分布でない事前分布を設定して推定する

　19-2 節で述べたことですが、ある夫婦に女児の生まれる確率についての事前分布を一様分布とすることはあまり妥当ではない、と考える人も多いでしょう。タイプが 0 とか 1 に近い場合と、0.5 に近い場合が対等とは考えられないからです。こういうときは、0.5 周辺のタイプが起こりやすく、0.5 から遠いタイプは起こりにくいと初期設定することが望まれるでしょう。最後に、その例をやってみましょう。

　この場合、事前分布を、例えば、$\alpha = 2, \beta = 2$ のベータ分布と設定するとよいです。第 17 講で解説したように、この分布は、

$$y = 6x(1-x) \qquad (0 \leq x \leq 1)$$

となります（**図表 19-7**）。

　この事前分布なら、タイプが 0.5 から遠いほど、その確率密度はどんどん小さくなっています。このとき、「タイプ x の夫婦から女児が生まれる」という確率は、

$$\begin{aligned}
&p((\text{タイプ}x) \& (\text{女児})) \\
&= p(\text{タイプ}x) \times p(\text{女児} \mid x) \\
&= 6x(1-x) \times x \\
&= 6x^2(1-x)
\end{aligned}$$

となります。したがって、正規化条件を実行すれば、事後分布のベータ分布として、

図表19-7　一様でないベータ分布の事前分布

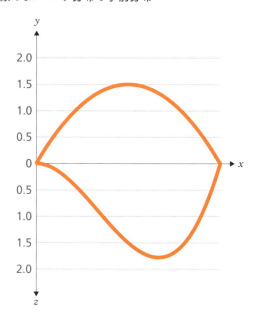

$$z = 12x^2(1-x)$$

と求まります（係数が12となる理由は省略します）。これより、この夫婦から次も女児が生まれる確率は、ベータ分布の期待値の公式（第18講）から、

$$\frac{\alpha}{\alpha + \beta} = \frac{3}{3+2} = \frac{3}{5}$$

と推定されることになります。これは0.6ですから、一様分布を事前分布としたとき（推定値は約0.67）よりも女児が生まれる確率の見積もりが若干0.5に近い数値となっています。多くの人はこちらの推定のほうが無難だと考えることでしょう。

19-5 ベータ分布を事前分布に用いる理由

　ここまで読んできた読者は、「ある夫婦から女児が生まれる確率」のベイズ推定における事前分布になぜベータ分布を設定するのか、その理由におおよそ見当がついてきたのではないでしょうか。そうです。それは**事後分布もベータ分布になって好都合**だからに他なりません。

　女児の生まれる確率はタイプ x の確率密度に x を掛け、男児の生まれる確率はタイプ x の確率密度に $(1-x)$ を掛けて得られます。すると、タイプ x の事前分布をベータ分布に設定しておけば、事後分布もベータ分布になるとわかります。

　このように、設定している確率モデルに対して**事後分布が事前分布と同じ分布になるような事前分布を「共役事前分布」**と呼びます。子供が女児か男児か、という確率モデルの共役事前分布はベータ分布だ、ということなのです。

　ベイズ推定では、**推定したい確率モデルの共役事前分布を事前分布に使う**のが通例となっています。その理由としては、次の2つが想像されます。

理由その1：事前分布と事後分布が同じ分布になれば、計算が著しく簡便になる。
理由その2：事前分布と事後分布が異なってしまうのは、哲学的に考えておかしいと思える。

　以上の2つの理由は正反対と言ってよいほど別の視点となっています。前者はあくまで機能面から理由を付けていて、後者はあくまで哲学面から理由を付けているからです。しかし、どちらかを（あるいは両方を）採用することにすれば、共役事前分布を使うことの正当性をある程度は納得できることでしょう。

第19講のまとめ

❶「夫婦の最初の子供が女児のとき、次の子供が女児である確率 x は？」を推定したい場合、タイプを $0 \leq x \leq 1$ と設定する。

❷タイプ x の事前分布を一様分布で設定すると、事後分布はベータ分布となる。

❸世界の分岐は、$p(タイプ x) \times x$ と $p(タイプ x) \times (1-x)$ で計算する。

❹タイプ x の確率分布ではなく、タイプそのものを推定したいときはベータ分布の期待値を用いる。

❺共役事前分布とは、事前分布と事後分布が同じ分布になるような事前分布のこと。

❻「生まれるのは女児か男児か」という推定の共役事前分布はベータ分布である。

練習問題

　薬がある病気に効くかどうか治験（臨床実験）を行った。10人の患者に投与して、4人に効果があり、6人には効果がなかった。このとき、この薬が効く確率をベータ分布によるベイズ推定で評価することとしよう。以下のカッコを適切に埋めよ。

事前分布を一様分布とする。すなわち、

$$y = (\quad)$$

と設定する。
ここで、効果のある確率密度が x の下で、特定の順序で4人に効果がある、6人に効果がないという結果になる確率は、x を4個と $(1-x)$ を6個かけ算すれば得られるから、

$$y = x^{(\ )}(1-x)^{(\ )}$$

となる。したがって、正規化条件によって、事後確率の確率分布は、適当な定数に対して、

$$y = (定数)\, x^{(\ )}(1-x)^{(\ )}$$

となる。$\alpha = (\quad)$、$\beta = (\quad)$ のベータ分布である。このベータ分布の平均値を求め、

$$（薬が効く確率）= \frac{(\quad)}{(\quad)+(\quad)} = (\quad)$$

と推定される。

第20講 コイン投げや天体観測で観察される「正規分布」

20-1 統計学の主役である「正規分布」

統計学で最もよく利用されるのは、正規分布と呼ばれる連続型の確率分布です。これは、スタンダードな統計学（ネイマン・ピアソン統計学）でもそうですし、ベイズ統計学でも同じです。

正規分布が汎用される理由は、おおまかにいって2つあります。

第一は、あとで見るように、**正規分布がとても便利な数学的操作性を持っている**こと。第二は、**自然界や社会に非常によく出現する確率分布である**ことです。この節では、第二の点について、簡単に述べておきましょう。

正規分布が最初に発見されたのは、**N枚のコインを投げたとき表がx枚出る確率**を$p(x)$と記した場合、ある程度大きいNについては、$p(x)$の分布図が特徴的な形（釣り鐘型）になることからでした。ド・モアブルやラプラスなどの数学者たちがこのグラフを生み出す関数を発見しました（**図表20-1**の式）。

その後、数学者ガウスが、天文台の所長を務めている際に、天体観測の誤差として表れる確率分布を分析し、同じ分布図を導出しました。

図表20-1 標準正規分布

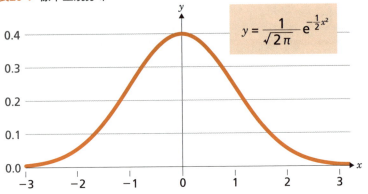

$$y = \frac{1}{\sqrt{2\pi}} e^{-\frac{1}{2}x^2}$$

　ガウス以降、確率理論や統計学が進歩するにつれて、この正規分布が多くの場面で観測されることがわかってきました。例えば、人間を含むさまざまな生物種について、同じ種の体長は正規分布に従っていることがわかっています。また、体内の組成物（血液など）の分布にも正規分布が見られます。電波を受信する際のノイズも、正規分布です。最近では、株の収益率の分布も正規分布だというのが有力な仮説とされています。このように、正規分布は身の回りの多くの現象に現れているのです。

20-2　釣り鐘型をした正規分布

　正規分布とは、特徴的な形をしたグラフを分布図として持つ一群の分布を指します。形を知ってもらうために、まず、「標準正規分布」という正規分布の代表選手のグラフを眺めていただきましょう。それが、**図表20-1**です。横軸の x は、タイプを表す数値で、縦軸の y はそれが出現する確率密度です。このグラフは次の特徴を持っています。

- y 軸（$x = 0$）を軸に左右対称となっている。
- 釣り鐘型（ベル型）をしており、最も高い場所は $x = 0$ のところである。

- 確率密度はどんな大きな正の x でも、どんな小さな負の x でも 0 にはならない（グラフが左右に無限に延びている）。
- $x \geqq 2$ の部分では、グラフは急激に低くなる。同様に、$x \leqq -2$ の部分では、グラフは急激に低くなる。

右横に書いてあるのが、確率密度を表す関数の式ですが、非常に複雑なので、多くの読者は目がちらちらしてしまうことでしょう。係数の分母に円周率 π の平方根なんかが出現していますが、これはあまり重要ではありません（正規化条件を満たすためのものです）。大事なのは、無理数 e（ネイピア定数）のべき乗になっていることと、指数の部分が負の係数の2次関数となっていることです。このことから、先ほど述べたような形状や特徴が出てきます。しかし、本書では、この関数の式はこれ以降出てきませんので、忘れてかまいません。

これは連続型の確率分布で、高さ y は確率ではなく確率密度を表しているので、「幅をもった部分の面積が確率となる」という点は、ベータ分布と同じです。例えば、$-1 \leqq x \leqq 1$ を満たす x が観測される確率は、**図表20-2** の網掛け部の面積となり、それは約 0.6826 となっています。

図表20-2 標準正規分布の確率

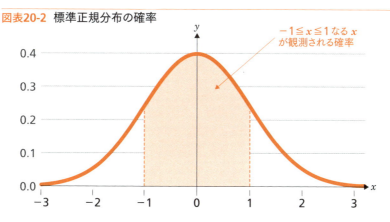

網掛け部の面積は約 0.6826。これが、確率 $p(-1 \leqq x \leqq 1)$。

20-3 正規分布は「μ」と「σ」で1つに決まる

　一般の正規分布は、標準正規分布から簡単に得られます。それはグラフを次のように変形すればよいのです。

ステップ1：y軸を中心に左右にσ倍に伸ばす（σはギリシャ文字で「シグマ」と読む）。正規化条件（全面積が1）を満たすために、各部の高さはσ分の1となる。
ステップ2：山のてっぺんのx座標がμ（μはギリシャ文字で「ミュー」と読む）となるところまで横向きに平行移動する。

　ここで、μとσの役割を説明しましょう。
　μは、確率分布の平均値となっています。つまり、「やじろべえの釣り合いの支点」です。左右対称ですから、山の頂上の位置になっています。他方、σは**標準偏差**と呼ばれる指標で、分布の**「散らばり」「広がり」の程度**を表します。
　「散らばり」「広がり」をイメージ的に説明しましょう。平均μは、確率分布図の山の頂上の位置となっていますから、最も観測されやすい数値です。したがって、「何が観測されるか予言しろ」と言われれば、「μ近辺であろう」と予言するのが安全です。しかし、その予言がどのくらい確度で当たるものであるかは、分布の「散らばり」「広がり」に依存します。山のてっぺんが高く、裾野の低い分布の場合、μのそばの数値が観測されやすいので、予言はかなりの確度で当たるでしょう。しかし、てっぺんが低く、裾野の高い分布の場合は、逆にμから離れた数値もけっこうな頻度で観測されます。したがって、予言がはずれる可能性が高くなり、確度は低くなります。
　要するに、**標準偏差σは「観測値の平均値からの誤差・ブレの程度」**を

図表20-3　一般正規分布の作り方

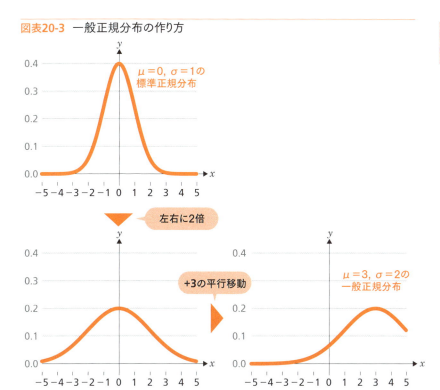

表現している指標だとイメージできるわけです。標準偏差については、本書ではこれ以上の深入りはしないので、姉妹書『完全独習　統計学入門』（ダイヤモンド社、2006年、文献案内⑨）を参照してください。

さて、**一般の正規分布は、μとσを決めると1つに決定**します。特に、標準正規分布は、$\mu = 0, \sigma = 1$に対応するものです。

以上のことを$\sigma = 2, \mu = 3$で例示したのが、**図表20-3** です。

上段が標準正規分布の分布図です。山のてっぺんは$x = 0$のところにあり、広がりは1となっています。下左図は、その標準正規分布を左右に2倍に拡大したものです。山の傾斜は少し緩やかになっています。全面積を1に保つために対応するxのところの高さは一様に2分の1となっ

ています。この操作によって、標準偏差 $\sigma = 2$ の正規分布ができます（平均 μ は 0 のまま）。下右図は、そのグラフを右方向に＋3 平行移動させたものです。当然、てっぺんは $x = 3$ の位置に来ます。この操作によって、平均 $\mu = 3$ の正規分布ができます。このようにして、$\mu = 3$, $\sigma = 2$ の正規分布の確率分布図が得られます。

まとめると以下のようになります。

一般正規分布の性質
- **正規分布は、平均 μ と標準偏差 σ を与えると 1 つに特定される。**
- **μ は分布の平均値**を意味する。グラフのてっぺんの位置を表し、したがって、分布図のやじろべえの釣り合いの支点となっている。
- **σ は分布の標準偏差を表す。**グラフが左右にどのくらい広がっているかを表し、分布の「広がり」「散らばり」を意味する。
- 標準正規分布は、$\mu = 0$, $\sigma = 1$ の場合である。**平均 μ、標準偏差 σ の正規分布の分布図は、標準正規分布の分布図を面積を変えないように左右に σ 倍に延ばし、y 方向に $\frac{1}{\sigma}$ 倍に延ばし、x 方向に μ だけ平行移動したもの**となる。

20-4　一般正規分布の確率は、標準正規分布の形に戻して考える

　一般正規分布の確率は、標準正規分布の確率がわかれば簡単に計算できます。

　例えば、$\mu = 3$, $\sigma = 2$ の正規分布において、$1 \leqq x \leqq 5$ の範囲の x が観測される確率を計算してみましょう。

　さきほど解説したように、標準正規分布（$\mu = 0$, $\sigma = 1$ の正規分布）のグラフを左右に 2 倍に拡大し、横方向に＋3 平行移動したものです。したがって、これを逆戻しして、横方向に－3 平行移動し、左右に 2 分

の1倍に縮小すれば、標準正規分布に戻ります。

つまり、変数 x を $z = \dfrac{x-3}{2}$ と変形すれば、変数 z は標準正規分布に従う変数になる、ということです。すると、

$1 \leqq x \leqq 5$
$\to 1-3 \leqq x-3 \leqq 5-3$
$\to -2 \leqq x-3 \leqq 2$
$\to -2 \div 2 \leqq (x-3) \div 2 \leqq 2 \div 2$
という変形から、

$-1 \leqq \dfrac{x-3}{2} \leqq 1$、すなわち、$-1 \leqq z \leqq 1$

が得られます。確率の記号で書くと、

$p(1 \leqq x \leqq 5) = p\left(-1 \leqq \dfrac{x-3}{2} \leqq 1\right) = p(-1 \leqq z \leqq 1)$

したがって、**$\mu=3$, $\sigma=2$ の正規分布において、$1 \leqq x \leqq 5$ の範囲の x が観測される確率は、標準正規分布で $-1 \leqq z \leqq 1$ を満たす z が観測される確率と同じ**になります。つまり、この確率は20-2節で与えたように、約 0.6826 となります。

$p(1 \leqq x \leqq 5) = 約0.6826$

20-5 正規分布の複数の観測値の平均は正規分布

正規分布には、以下のような非常に見事な性質があります。

正規分布の観測値の平均の性質

平均 μ , 標準偏差 σ の正規分布に従って観測される数値を、n 個観測し、その平均値を $\bar{x}$ と記す。すなわち、

$\bar{x} =$ (n 個の観測値の和) $\div$ n

このとき、$\bar{x}$ も正規分布に従い、その平均と標準偏差は、

平均 μ , 標準偏差 $\dfrac{\sigma}{\sqrt{n}}$

で与えられる。

「正規分布は平均をとっても正規分布のまま」 というのは驚くべき見事な性質です。これが、20-1 節において、「便利な数学的操作性」と言ったことです。また、平均は元と変わらず、標準偏差は観測回数の平方根で割った数値になる、というのも見事です。感触を得るために以下の問題をやってみましょう。

問題

日本の成人女性の身長は正規分布をし、その平均は約 160 センチ、標準偏差は約 5 センチである。今、日本の成人女性をランダムに 25 人選んで彼女たちの身長の平均値 $\bar{x}$ を算出することを繰り返したとする。このとき、$\bar{x}$ の従うのはどんな確率分布か。

解答

$\bar{x}$ が従うのは、正規分布と考えられる。その平均と、標準偏差は、

平均＝約160センチ

標準偏差＝約5÷$\sqrt{25}$＝約1センチ

となる。

第20講の まとめ

❶正規分布は、自然や社会でよく観測される確率分布。

❷正規分布は、平均μと標準偏差σを決めると１つに特定される。

❸平均μは、グラフのてっぺんの位置を表し、標準偏差σは山の広がりの程度を表す。

❹標準正規分布は、すべての正規分布の大本となる。これは$\mu = 0$, $\sigma = 1$のものである。

❺平均μ、標準偏差σの正規分布を確率分布に持つ変数xは、$z = \frac{x - \mu}{\sigma}$と変数変換すれば、変数$z$は標準正規分布を確率分布に持つ変数となる。

❻平均μ, 標準偏差σの正規分布に従って観測される数値を、n個観測し、その平均値を$\bar{x}$とすると、$\bar{x}$は平均μ, 標準偏差$\frac{\sigma}{\sqrt{n}}$の正規分布に従う。

練習問題

(1) z を標準正規分布に従って観測される数値とする。このとき、z が $-1 \leq z \leq 1$ の範囲にある確率 $p(-1 \leq z \leq 1)$ が 0.6826 であることから、z が $0 \leq z \leq 1$ となる範囲は、

$$p(0 \leq z \leq 1) = p(-1 \leq z \leq 1) \div (\quad) = (\quad)$$

と求まる。

(2) x が $\mu = 5$, $\sigma = 3$ の正規分布に従って観測される数値とする。このとき、x が $5 \leq x \leq 8$ の範囲にある確率 $p(5 \leq x \leq 8)$ を求めると、

$$p(5 \leq x \leq 8) = p\left(\frac{5-(\quad)}{(\quad)} \leq \frac{x-(\quad)}{(\quad)} \leq \frac{8-(\quad)}{(\quad)}\right)$$
$$= p((\quad) \leq z \leq (\quad))$$

から、(1) の結果を使って、($\quad$) と求まる。

(3) $\mu = 5$, $\sigma = 3$ の正規分布に従って観測される数値を 16 回観測して、その 16 個の数値の平均値を $\overline{x}$ とする。このとき、$\overline{x}$ は平均（　　）、標準偏差（　　）の正規分布に従う。

第21講

確率分布図を使った高度な推定❷
「正規分布」の場合

21-1 正規分布を事前分布に設定して推定する

　本書の最後を飾る推定として、**正規分布を使ったベイズ推定**を解説しましょう。

　事前分布に正規分布を設定するシチュエーションは次のようなものだと考えられます。

- 扱う確率モデルが、正規分布で与えられている。
- 想定されるタイプについて、特定のタイプの周辺が非常にありえそうで、そこから離れたタイプはあまりなさそうに考えられる。

　前者の理由は、事前分布とモデルの確率分布を同一の族としようとする発想で、そのような事前分布を「**共役事前分布**」と呼びました（240頁）。つまり、前者を専門用語で言い換えると、「正規分布が共役事前分布である」ということです。

　後者の理由は、**「事前の先入観」**として**「ありそうなタイプ」がどこかに集中している**、ということを意味しています。例えば、「日本人の成人

女性の身長」をタイプとして設定するような確率モデルでは、100センチから200センチまでを対等な可能性として設定する、というのはあまり妥当とは言えないでしょう。日本人の成人女性の身長は、平均160センチぐらいですから、「160センチ周辺の可能性が大きく、180センチとか140センチとかはそれに比べて非常に可能性が低い」という先入観を抱くのが自然です。したがって、身長についてタイプに事前分布を設定するなら、160センチ周辺を厚く、そこから離れると薄くなるようにするべきでしょう。こういうときは、正規分布で設定するのが適切と言えます。

21-2 精度の悪い温度計でお風呂の温度を推定する

これまで何度もやったように、ベイズ推定では、タイプについての事前確率と各タイプから得られる情報とで、「〜&〜」という形の出来事の確率を計算しなければなりません。今までの例でいえば、第2講では、タイプ「ガン」「健康」と、情報「陽性」「陰性」とから、「ガン&陽性」とか「健康&陰性」などの出来事の確率を計算しました。第3講では、タイプ「本命」「論外」と、情報「チョコをあげる」「チョコをあげない」から、「本命&あげない」「論外&あげる」などの出来事の確率を計算しました。

正規分布を共役事前分布にする場合も、同じ作業をしなければならず、結論を先にいうと、「〜&〜」という形の出来事の確率分布も前講で解説した正規分布（に比例する分布）になります。第19講で「女児が生まれる確率」を考えたときは、事前分布をベータ分布とすると、「(タイプp)&女児」の分布も、ベータ分布（に比例する分布）となりましたが、これと同じことが起きます。共役事前分布というのは、もともとそういう意味だから、こうなるのは当然です。しかし、正規分布の場合はベータ分布と違って、ここの部分を一般的に解説しようとすると、非常にわかりにくく

なってしまいます。それは、正規分布の式が複雑だからです。

そこで、本講では、苦肉の策をとります。第一は、一般論を述べる前に具体的なベイズ推定のプロセスを行いながら、「〜＆〜」の確率密度の公式を説明することです。そして、第二は、「〜＆〜」の確率密度の公式がどうしてそうなるかは省略することです。例とする確率モデルは次のようなものです。

精度の悪い温度計でお湯の温度を測る

お風呂を適温 42°C に沸かしたい。沸いたかな、という頃合いに温度計で温度を測った。ただし、使った温度計は精度が悪いもので、計測される温度 x は、実際の温度 θ（シータ）が平均、標準偏差が 2°C の正規分布の確率分布に従うとする。今、温度計の示した温度は 40°C であった。実際の温度は何度だろうか？

この問題を、正規分布によるベイズ推定で解くプロセスを、今までのようなステップ分けでやってみましょう。

21–3 正規分布によるベイズ推定のステップ

ステップ1：事前分布を正規分布で設定する

私たちが推定したいのは、実際の温度 θ です。今、40°C という観測結果（情報）があるのですが、その前に、この θ がどのような分布をするかをタイプの事前分布で設定するのがベイズ推定の流儀です。この問題に対してタイプの事前分布を設定する場合、これまでと異なる点があります。それは、「実際の温度 θ には、いろいろなタイプ（温度）があり、それぞれのタイプ（温度）には、ありえそうか、なさそうかの違いがある」ということです。この場合、正規分布で設定するのが自然です（共役事前分布）。適温 42°C に沸かそうとしているのですから、平均が 42°C の正規分布

とするのが自然です。標準偏差は、どう設定することも可能ですが、ここでは 3°C としておきましょう。すなわち、次のように設定します。

事前分布の設定　タイプ θ は、平均 42、標準偏差 3 の正規分布に従う。

ステップ 2：タイプ θ のもとで、40°C という温度が計測される確率密度を関数として求める

　ベイズ推定の次のステップは、タイプを決めた下で、そのタイプから特定の情報が得られる確率密度を計算することです。ガン検査の例で言えば、「ガン」の人が検査で「陽性」と出る出来事、「ガン＆陽性」の確率です。他の全部も列挙すれば、「ガン＆陰性」、「健康＆陽性」、「健康＆陰性」で、これら 4 種類の確率を計算しました。これらはみな「タイプ＆情報」という組み合わせになっています。

　お風呂沸かしの問題での「タイプ＆情報」は、「**（実際の温度 θ）＆（計測される温度 x）**」という形になります。しかし、この組み合わせの確率に対しては、2 つの困難が立ちふさがります。第一は、ガン検査が 4 通りで済んだのと違って、この場合は連続無限個の組み合わせとなる、ということ。そのため、図示が不可能となります（第 19 講でのベータ分布の場合は、情報が「女児」「男児」の 2 通りだったので、かろうじて完全な図示ができたのです）。第二は、「タイプ＆情報」の確率は「条件付確率の公式」（179 頁）で計算されるのですが、この場合の計算はあまりに複雑であり、数学が相当得意でないと容易には理解できない、ということです。

　そこで本講では、やむなく、次のような処理を行うことにします。

● 素事象「（実際の温度 θ）＆（計測される温度 x）」のうち、「θ ＆ 40」に対する確率分布しか図示しない。（「θ ＆ 38」とか「θ ＆ 47」とか無限にあるが、それらは図示しない）。
● 素事象「θ ＆ 40」の分布を、正規化条件が満たされるように調整すると、

正規分布になること、また、その平均と標準偏差がどのように計算されるか、について、天下り的に結論のみを提示する。

この方針で、解説を続けることにしましょう。

図表21-1　正規分布を使ったベイズ推定

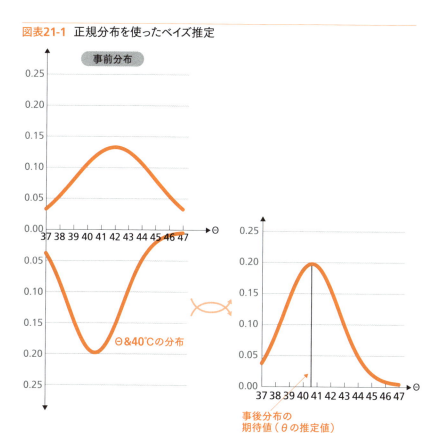

　図表21-1を見てください。上段の上向きのグラフが、θの事前分布です。これは、設定通り、平均42、標準偏差3の正規分布となっています。
　そして、下段の下向きに描いてあるのが、タイプがθ（実際の温度がθ）のときに40℃と計測される確率密度のグラフです。言い換えると、計測

される温度によって分岐する世界（37℃と計測された世界とか、45℃と計測された世界とかのすべての世界）の中から、40℃と計測された世界のみを取り出して描いたグラフです。

ステップ３：事後分布を求め、その分布の期待値を計算する

図表 21-1 には、各 θ に対して、その θ の下で 40℃ が観測される確率密度を表す部分しか描いていないので、正規化条件を満たしていません。このことは、これまでのすべてのベイズ推定と同じです。これを正規化条件が満たされるように比例関係を修正すると、次の結果が得られます。

事後分布 素事象「θ & 40」の分布を、正規化条件を満たすように比例関係を調整すると、「40℃という情報を得た下での各 θ の事後分布」が得られる。この事後分布は、**θ についての正規分布**となる。そしてこの正規分布の平均（分布の期待値）は、次の計算で与えられる。

$$\theta\text{の事後分布の期待値} = \frac{\frac{1}{3^2} \times 42 + \frac{1}{2^2} \times 40}{\frac{1}{3^2} + \frac{1}{2^2}} = \text{約 } 40.6$$

この計算の意味は次の次の節で解説します。

21-4　事後分布は何を意味しているのか

計算の仕方を説明する前に、このベイズ更新の解釈を先に述べておきましょう。お風呂の温度は、事前には平均 42℃、標準偏差 3 の正規分布に従っていると考えていました。したがって、1 つの数値で代表するなら、期待値（＝平均値）42℃ と見積もります。しかし、精度の悪い温度計で計測したら 40℃ となったことから、この情報を利用することによって、θ についての事後分布が得られます。それが図表 21-1 の右側の正規分布です。この確率分布の期待値は、山が頂上となる位置（やじろべえの支点）、す

なわち正規分布の平均なので、40.6℃です。これが、情報を得た下でのお風呂の温度の推定値となります。

以上のベイズ推定は、次のように図解することができます（**図表21-2**）。

図表21-2 温度計の計測結果から情報を改訂する

つまり、最初は42℃という先入観（予想）を持っていたわけですが、温度計による計測結果の40℃を参考にして、改訂されることになったわけです。改訂値は元々の42℃よりは40℃の側に寄っていますが、40℃そのものとはしません。なぜなら、温度計の計測にも誤差・ブレ（標準偏差）があり、その分信用できないからです。それで、測定値の40℃とまでは改訂されず、40.6℃でとどまっているわけです。

では、42℃と40℃の真ん中である41℃よりは40℃に近い側に改訂されたのはどうしてでしょうか。それは、事前分布の誤差・ブレを表す標準偏差が3で、温度計による計測の誤差・ブレを表す標準偏差が2で、後者のほうが小さいことによります。**誤差・ブレが相対的に小さい温度計のほうが事前分布よりも推定に大きな影響を与える**、ということです。これは自然なことでしょう。

21-5 正規分布によるベイズ推定の公式

それでは、前々節で行った正規分布を共役事前分布として行った推定の計算を一般的に提示しておくこととしましょう。次です。

正規分布によるベイズ推定の公式

推定したいθについての事前分布を平均μ_0, 標準偏差σ_0の正規分布と設定し、観測する情報xが平均θ, 標準偏差σの正規分布に従うとする。ただし、μ_0, σ_0, σは具体的にわかっているものとする。すなわち、情報xについての条件付確率密度$p(x|\theta)$は平均θ、標準偏差σの正規分布とする。

(i) 情報を1回だけ観測した場合の公式

観測された値をxとすると、
(xが観測された下でのθの事後分布)$p(\theta \mid x)$はθについての正規分布となる。

正規分布$p(\theta \mid x)$の平均（期待値）は、$\dfrac{\dfrac{1}{\sigma_0^2} \times \mu_0 + \dfrac{1}{\sigma^2} \times x}{\dfrac{1}{\sigma_0^2} + \dfrac{1}{\sigma^2}}$

(ii) 情報をn回観測した場合の公式

観測されたn個の値の平均値（(観測値の合計)÷nのこと）を$\overline{x}$とすると、
($\overline{x}$が観測された下でのθの事後分布)$p(\theta \mid \overline{x})$は、$\theta$に関する正規分布となる。

正規分布$p(\theta \mid \overline{x})$の平均（期待値）は、$\dfrac{\dfrac{1}{\sigma_0^2} \times \mu_0 + \dfrac{n}{\sigma^2} \times \overline{x}}{\dfrac{1}{\sigma_0^2} + \dfrac{n}{\sigma^2}}$

このあたりになると言葉で書くと逆に煩わしくなるのですが、一応、書いておくこととしましょう。

まず、**標準偏差の2乗は「分散」と呼ばれる量**であることを提示して

おきます。分散は、スタンダードな統計学でも重要な統計量です。

事後分布は正規分布で、その平均は次のように計算されます。

観測値が1つの場合は、

（事前分布の平均）÷（事前分布の分散）＋（観測値）÷（情報xの分散）

を計算します。それを、

（事前分布の分散の逆数）＋（情報xの分散の逆数）

でわり算するのです。21-3節における計算を再現すれば、

（事前分布の平均）÷（事前分布の分散）＝$42 \div 3^2 = \frac{1}{3^2} \times 42$
（観測値）÷（情報xの分散）＝$40 \div 2^2 = \frac{1}{2^2} \times 40$
（事前分布の分散）の逆数＝$\frac{1}{3^2}$
（情報xの分散）の逆数＝$\frac{1}{2^2}$

となっていました。この計算を眺めれば、分散が大きいほうがわり算した結果が小さくなるので、**分散の小さいほうの数値が改定値に大きな影響を与える**ことがわかります。

観測値が複数個（n個）ある場合は、今の計算の（観測値の分散）のある場所をn倍しておけばよいだけです。この（ii）の公式は、正規分布においては、n回観測した平均$\overline{x}$の標準偏差が、

（元の標準偏差）÷$\sqrt{n}$

で与えられたこと（250頁）から、n回観測した平均$\overline{x}$の分散については、これを2乗して、

（元の分散）÷n

となるのです。

21-6 温度を2回測ったときのベイズ推定

最後に、お風呂沸かしの推定において、2回計測したらどう推定するかを見ておきましょう。前節の (ii) の公式を用いるわけです。21-2節の問題を次のように変更します。

> **精度の悪い温度計でお湯の温度を2回測る**
>
> お風呂を適温42℃に沸かしたい。沸いたかな、という頃合いに温度計で温度を測った。ただし、使った温度計は精度が悪いもので、計測される温度 x は、実際の温度 θ が平均、標準偏差が2℃の正規分布の確率分布とする。今、温度計の示した温度は、一度目が40℃で、二度目が41℃であった。実際の温度は何度だろうか？

この場合、2つの測定値の平均は、

$$\overline{x} = \frac{40 + 41}{2} = 40.5$$

となります。したがって、前節の公式 (ii) を用いて、(n = 2 に注意する)、正規分布 $p(\theta \mid \overline{x} = 40.5)$ の平均（期待値）は次のように計算されます。

$$\frac{\dfrac{1}{\sigma_0^2} \times \mu_0 + \dfrac{2}{\sigma^2} \times x}{\dfrac{1}{\sigma_0^2} + \dfrac{2}{\sigma^2}} = \frac{\dfrac{1}{9} \times 42 + \dfrac{2}{4} \times 40.5}{\dfrac{1}{9} + \dfrac{2}{4}} = 約40.77$$

これが、2回の計測結果を反映した改訂値です。

　以上で正規分布を使ったベイズ推定は終わりです。読者の皆さんは、ついに、このような複雑で、また汎用性のあるベイズ推定にたどり着くことができました。これは、ベイズ推定の1つの頂上であります。皆さんは、いつのまにか、山頂にたどり着いたわけです。
　山頂からの眺めはいかがですか？

第21講のまとめ

❶ タイプがθで、情報がxのベイズ推定において、情報xの確率分布$p(x|\theta)$が、θを平均とする正規分布である場合、θの共役事前分布として正規分布を設定する。

❷ ①の場合、事後分布$p(\theta|x)$も正規分布となる。

❸ θの事前分布を平均μ_0，標準偏差σ_0の正規分布と設定し、観測する情報xが平均θ，標準偏差σの正規分布に従うとする。ただし、μ_0, σ_0, σは具体的にわかっているものとする。このとき、観測された値xの下でのθの事後分布は正規分布であり、その平均は、

$$\frac{\frac{1}{\sigma_0^2} \times \mu_0 + \frac{1}{\sigma^2} \times x}{\frac{1}{\sigma_0^2} + \frac{1}{\sigma^2}}$$

❹ 複数回観測する場合は、観測されたn個の値の平均値（（観測値の合計）÷nのこと）を$\overline{x}$とすると、観測された値$\overline{x}$の下でのθの事後分布は正規分布であり、その平均は、

$$\frac{\frac{1}{\sigma_0^2} \times \mu_0 + \frac{n}{\sigma^2} \times \overline{x}}{\frac{1}{\sigma_0^2} + \frac{n}{\sigma^2}}$$

練習問題

日本人男性のAさんは測定時には緊張状態などから実際の血圧より高く出たり、低く出たりする。この分布は、実際の血圧 μ を平均とし、標準偏差 10 の正規分布に従うとする。事前分布を、Aさんと同じ年齢の日本人男性の最高血圧が従う正規分布、すなわち、平均 130、標準偏差 20 の正規分布としておく。

(1) 1回だけ測ったら、140 であった。このとき、Aさんの実際の血圧の事後分布の平均は、

$$\frac{\dfrac{1}{(\quad)^2} \times (\quad) + \dfrac{1}{(\quad)^2} \times (\quad)}{\dfrac{1}{(\quad)^2} + \dfrac{1}{(\quad)^2}} = (\qquad)$$

と計算される。

(2) 2回測った平均が 140 であった。このとき、Aさんの実際の血圧の事後分布の平均は、

$$\frac{\dfrac{1}{(\quad)^2} \times (\quad) + \dfrac{2}{(\quad)^2} \times (\quad)}{\dfrac{1}{(\quad)^2} + \dfrac{2}{(\quad)^2}} = (\qquad)$$

と計算される。

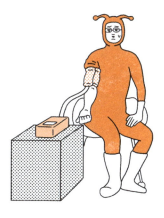

補講 ベータ分布の積分計算

第17講で解説したベータ分布について、もう少し詳しく解説しましょう。ただし、ここでは、高校3年程度の数学の知識を前提とします。

ベータ分布とは、

$$f(x) = (定数) \times x^{\alpha-1}(1-x)^{\beta-1}$$

という確率分布を持つものです。このとき、式の中にある（定数）は、正規化条件を満たす数値として設定されます。すなわち、$0 \leq x \leq 1$ の全 x についての確率密度 $f(x)$ の合計が1となるように設定されるのです。それは、積分を使って、

$$1 = (定数) \int_0^1 x^{\alpha-1}(1-x)^{\beta-1} dx$$

と書くことができます。ここで $\beta = 1$ の場合は、

$$\int_0^1 x^{\alpha-1} dx = \left[\frac{1}{\alpha} x^{\alpha}\right]_0^1 = \frac{1}{\alpha} \quad \cdots\cdots(1)$$

から、(定数) $= \alpha$ と決まります。同様にして、$\alpha = 1$ の場合は、

$$\int_0^1 (x-1)^{\beta-1} dx = \left[-\frac{1}{\beta}(1-x)^{\beta}\right]_0^1 = \frac{1}{\beta} \quad \cdots\cdots(2)$$

から、(定数) $= \beta$ と決まります。一般の $\beta \geq 2$ の場合は、部分積分を使って、

$$\int_0^1 x^{\alpha-1}(1-x)^{\beta-1}dx = \left[\frac{1}{\alpha}x^{\alpha}(1-x)^{\beta-1}\right]_0^1$$

$$+ \int_0^1 \frac{1}{\alpha}x^{\alpha}(\beta-1)(1-x)^{\beta-2}dx$$

$$= \frac{\beta-1}{\alpha}\int_0^1 x^{\alpha}(1-x)^{\beta-2}dx \quad \cdots\cdots(3)$$

と変形します。このように $(1-x)$ の指数を順次落として行けば、いずれ(1)に帰着します。さらに、ベータ分布の期待値については、

$$期待値 = \int_0^1 xf(x)dx = (定数) \times \int_0^1 x^{\alpha}(1-x)^{\beta-1}dx$$

となりますから、これも上記(3)に帰着させることができます。

あとがき
ベイズ統計こそ、21世紀の最もエキサイティングな科学だ

　筆者は現在、ベイジアン意思決定理論と呼ばれる分野を研究しています。ベイジアンとは、日本語で言えばベイズ派ということ。主観確率を主軸に据えて人間行動を説明しようとする学問流派のことを指します。そういう意味では、ベイズ統計を解説する執筆は、自分の研究分野を広く世の中に知らしめることにつながるので、今まで以上に力が入りました。

　筆者は、最初からこの分野を目指したわけではありません。学部のときは純粋数学を勉強しており、確率・統計とは無縁でした。社会人になってから経済学に興味を持ち、３０代後半に東大経済学部の大学院に入学しました。そのときは、ケインズ経済学を勉強したい、と思っていました。そんな中、大学院で知り合いにばったり再会しました。昔、塾で教えた中学生が、大学生になって、同じ研究科に進学していたのです。その教え子が、「先生はなぜ経済学科に来たのですか」と問うので、マクロ経済におけるケインズ的「期待」の考え方を勉強したいから、と答えると、教え子は「ベイズみたいなやつですか？」と返しました。このとき、「ベイズ」は筆者に初耳の単語でした。気になってシラバスを見ると、統計学者の松原望先生がベイズ統計の講義を持っておられ、物見遊山で履修登録しました。それが運命を大きく左右することになろうとは露ほども思いませんでした。

　松原先生の講義では一年間、ほぼマンツーマンで指導を受けました。なんと贅沢な経験だったことでしょう。教科書は文献②の元本を使いました。講義はまさに驚きの連続で、筆者はベイズ統計の面白さに目覚めることとなったのです。

　東大の統計学教室には、松原先生の他にもベイジアンに与する統計学者が何人もおられました。ベイズ統計に興味を抱いた筆者は、久保川達也先

生の講義で、文献④を教科書に本格的にベイズ統計の勉強をしました。しかし、この時点でもまだ、ベイジアン理論を専門にしようという考えはありませんでした。

　博士課程に進学し、博士論文のテーマを見つけなければならなくなりました。その頃、松井彰彦先生のゲーム理論のセミナーに参加しました。そこでは、ゲーム理論の基礎としての意思決定理論の文献を輪読しました。このあたりから、筆者は次第に、ベイジアン理論に本格的な興味を持つようになりました。経済社会のありようを決めるのは、結局は、「人が未知の未来をどう考えるか」ということです。そして、そういう「人間の推論」を数理的に解析するのが、他ならない意思決定理論なのです。筆者は遂に、博士論文のテーマとして、ベイジアン意思決定理論を標的と決めたのでした。運命とは数奇なものだと実感しています。

　主観確率を使ったベイズ推定は、本書で何度も述べたように、伝統的な科学の立場から見ると、ある種のうさん臭さ・いかがわしさを秘めています。ポジティブに言うなら、思想的・哲学的、ということです。それは、「主観」というものを数理科学で扱う宿命です。しかし、「観察された結果」から遡って「引き起こした原因」を探るには、どうしたって、ある種の「論理飛躍」が必要になります。大事なのは、その「論理飛躍」が、一貫した方法論と明確さを備えているかどうかです。そして、それがテクノロジーとして実践的に有効であるかどうかです。ベイズ推定は、その両方を備え持っており、それがうさん臭さ・いかがわしさを跳ね返して余りある魅力を生み出しているのです。ベイズ推定は、思想的だからこそ生命力があるのです。

　客観確率（頻度論的確率）は、20世紀に、物理学を筆頭とする物質科学の礎を築きました。そして、主観確率とベイジアン理論こそが、この21世紀に、経済学を筆頭とする人間科学の礎を築き、最もエキサイティングな分野となることは疑いありません。本書が少しでもその役に立ってくれれば本望です。

ダイヤモンド社の和田史子さんと一緒に、前作『完全独習　統計学入門』を刊行した直後に、本書の企画を立てました。次回作として、筆者がいくつか候補を挙げた中で、和田さんが選んだ素材はベイズ統計でした。直後から、ベイズ統計の本の刊行がブームになったのを顧みると、和田さんの出版に対する慧眼はみごとだったと思います。けれども、この本の刊行までには予想外に長い年月を要しました。その理由は、筆者の中で、ベイズ推定の持つ論理飛躍に対する考えが定まらなかったこと、それから、どのような応用例を書くか、ベータ分布や正規分布を使ったベイズ推定をどう図解するか、についてアイデアがまとまらなかったことにありました。辛抱強く待ってくださった和田さんにお礼を申し上げます。おかげさまで、自分なりに納得のいく本を書くことができました。類書をほとんど見かけない、ベイジアンの本領発揮の解説を展開できた、と自負しています。また、本書の編集は、同社の上村晃大さんが担当して下さいました。図解や数式の多い、困難な組み版となったことに対して、上村さんの労をねぎらいたく思います。

　最後に、本書でベイズ推定を仕入れたビジネス・パーソンが後にどんなビジネス手法を編み出すか、本書でベイジアン思想に触れた学徒たちが後にどんな科学を生み出すのか、そんな十数年先を楽しみに、あとがきを終えることとします。

2015 年 10 月　小島寛之

もっと学びたい人へ
文献案内

本書を読んだあとで読むといいベイズ統計学の教科書

① 『図解入門 よくわかる最新ベイズ統計の基本と仕組み』
松原望 著｜秀和システム（2010年）

松原先生は、筆者にベイズ統計学の指南をして下さった人。本書は、そのご本尊が、かなり易しくベイズ統計学の極意を伝授してくれます。本書を読了してからであれば、この本を苦労なく読破することができるでしょう。

② 『入門ベイズ統計』
松原望 著｜東京図書（2008年）

本書は、筆者が松原先生に指南を受けたときに使った教科書(の改定版)。筆者が読んだベイズ統計の本の中で、本書ほどベイズ統計の思想と技術を調和させた本は他にないと思います。この本の内容を身につけることを次なる目標とすべきでしょう。

③ 『ベイズ統計入門』
繁桝算男 著｜東京大学出版会（1985年）

少し古い本ですが、ベイズ統計について専門的・総合的に解説した名著。主観確率について、裁判への応用からパラドクスまで扱っています。ネイマン・ピアソン統計学との関係も充実。数学的には少々難しいが、長期的な目標に値する本でしょう。

④ "The Bayesian Choice"
Christian P.Robert 著｜Springer（2007年）

ベイズ統計学に関する最高級の教科書。これを読破すれば、プロ中のプロと言えますが、数学的に相当な覚悟を要します。経験ベイズや階層ベイズ

など最新の研究が解説されています。

ベイズ統計学の他分野への応用を知りたい人にお勧めの本

5 『異端の統計学ベイズ』
シャロン・バーチュ・マグレイン 著　冨永星 訳｜草思社（2013 年）

ベイズ統計学の歴史を緻密に調べ上げた傑作。本書の解説もこの本に負う部分が少なくありません。ベイズ逆確率の発見のプロセス、失墜の理由、復権させた学者たちのプロフィール、先端ビジネスでの応用など他書では知ることのできない知識を得ることができます。

6 『確率的発想法』
小島寛之 著｜NHK ブックス（2004 年）

ベイズ統計学の、経済学や社会思想への応用を紹介しています。ベイズ統計学とネイマン・ピアソン統計学との違いを簡明に紹介した上で、ベイジアン意思決定理論を解説し、ロールズの社会思想へ応用します。とても刺激的な本です。

7 『使える！確率的思考』
小島寛之 著｜ちくま新書（2005 年）

この本では、ベイズ統計学の実践的な応用に一章をさいています。とりわけ、金融政策におけるベイズ逆確率の応用についての解説は、現在の金融事情の理解に役立つでしょう。

8 『意思決定理論入門』
イツァーク・ギルボア 著　川越敏司・佐々木俊一郎 共訳｜NTT 出版（2012 年）

現代におけるベイジアン意思決定理論のカリスマによる入門書。主観確率、選好理論、ベイジアン統計学とネイマン・ピアソン統計学の比較をはじめ、行動経済学まで解説しています。

ネイマン・ピアソン統計学のほうも、きちんと勉強してみたい人向けの教科書

⑨ 『完全独習　統計学入門』
小島寛之 著｜ダイヤモンド社（2006年）

筆者によるネイマン・ピアソン統計学の教科書。本書と同じ手法で書かれています。とりわけ、確率を使わずに解説したところに真骨頂があります。本書の確率の解説と併読するとさらに理解が深まるでしょう。これ以上簡単な解説は望めない、というところまで噛み砕いています。刊行9年で10万部を達成し、ロングセラーとなりました。

⑩ 『初等統計学』
P.G. ホーエル 著　浅井晃・村上正康 共訳｜培風館（1981年）

ネイマン・ピアソン統計学の本はたくさん出ていますが、⑨を書く際に筆者が最も参考にした本の一つ。⑨よりは多少、数学の知識が必要です。統計学では数式を理解する以上に、その計算の意味、背後の思想を理解することが肝要です。そういう点からこの本は、みごとな出来映えだと言えます。

頻度主義の確率論を本格的に勉強したい人にお勧めの本

⑪ 『確率を攻略する』
小島寛之 著｜ブルーバックス（2015年）

確率論の分野では、ベイズ逆確率は傍流で、主流派は頻度論的確率と呼ばれるものです。この本は、確率思想全般をまとめた上で、頻度論的確率を初等的に解説しています。とりわけ、「大数の弱法則・強法則」をぎりぎりまで噛み砕いて証明しているところに真骨頂があります。今世紀の最新の確率理論「ゲーム論的確率」も解説しています。

練習問題解答

第1講

タイプについての事前確率から、（ア）＝（ 0.4 ）、（イ）＝（ 0.6 ）となる。

行動に対する条件付確率から、（ウ）＝（ 0.8 ）、（エ）＝（ 0.2 ）
（オ）＝（ 0.1 ）、（カ）＝（ 0.9 ）

分岐した4つの世界の確率は、
（キ）＝（ 0.4 ）×（ 0.8 ）＝（ 0.32 ）
（ク）＝（ 0.4 ）×（ 0.2 ）＝（ 0.08 ）
（ケ）＝（ 0.6 ）×（ 0.1 ）＝（ 0.06 ）
（コ）＝（ 0.6 ）×（ 0.9 ）＝（ 0.54 ）

「声かけ」が観測された2つの世界で正規化条件を復旧すると、

（キ）:（ケ）＝（ 0.32 ）:（ 0.06 ）＝（ $\frac{16}{19}$ ）:（ $\frac{3}{19}$ ）　足して1になる

「声かけ」が観測された下での「買う客」の事後確率＝（ $\frac{16}{19}$ ）

第2講

タイプについての事前確率から、（ア）＝（ 0.7 ）、（イ）＝（ 0.3 ）となる。

情報に対する条件付確率から、（ウ）＝（ 0.8 ）、（エ）＝（ 0.2 ）
（オ）＝（ 0.1 ）、（カ）＝（ 0.9 ）

分岐した4つの世界の確率は、
（キ）＝（ 0.7 ）×（ 0.8 ）＝（ 0.56 ）
（ク）＝（ 0.7 ）×（ 0.2 ）＝（ 0.14 ）
（ケ）＝（ 0.3 ）×（ 0.1 ）＝（ 0.03 ）
（コ）＝（ 0.3 ）×（ 0.9 ）＝（ 0.27 ）

「陽性」が観測された2つの世界の確率を正規化すると、

（キ）:（ケ）＝（ 0.56 ）:（ 0.03 ）＝（ $\frac{56}{59}$ ）:（ $\frac{3}{59}$ ）　足して1になる

「陽性」が観測された下での「インフルエンザ」の事後確率＝（ $\frac{56}{59}$ ）

「陰性」が観測された2つの世界の確率を正規化すると、

（ク）:（コ）＝（ 0.14 ）:（ 0.27 ）＝（ $\frac{14}{41}$ ）:（ $\frac{27}{41}$ ）　足して1になる

「陰性」が観測された下での「インフルエンザでない」事後確率＝（ $\frac{27}{41}$ ）

第3講

タイプについての事前確率から、（ア）=（ 0.4 ）、（イ）=（ 0.6 ）となる。
情報に対する条件付確率から、（ウ）=（ 0.4 ）、（エ）=（ 0.6 ）
　　　　　　　　　　　　　　（オ）=（ 0.2 ）、（カ）=（ 0.8 ）
分岐した4つの世界の確率は、（キ）=（ 0.4 ）×（ 0.4 ）=（ 0.16 ）
　　　　　　　　　　　　　　（ク）=（ 0.4 ）×（ 0.6 ）=（ 0.24 ）
　　　　　　　　　　　　　　（ケ）=（ 0.6 ）×（ 0.2 ）=（ 0.12 ）
　　　　　　　　　　　　　　（コ）=（ 0.6 ）×（ 0.8 ）=（ 0.48 ）

「あげる」が観測された2つの世界の確率を足して1になるようにすると、

（キ）:（ケ）=（ 0.16 ）:（ 0.12 ）=（ $\frac{4}{7}$ ）:（ $\frac{3}{7}$ ）

足して1になる

「チョコをあげる」の下での「本命」の事後確率=（ $\frac{4}{7}$ ）

第4講

タイプについての事前確率から、
（ア）=（ 0.2 ）、（イ）=（ 0.6 ）、（ウ）=（ 0.2 ）となる。
情報に対する条件付確率から、（エ）= 0.4、（オ）=（ 0.6 ）
　　　　　　　　　　　　　　（カ）= 0.5、（キ）=（ 0.5 ）
　　　　　　　　　　　　　　（ク）= 0.6、（ケ）=（ 0.4 ）

分岐した9つの世界のうち、女児が生まれる世界それぞれの確率は、
　　　　　　　　　　　（コ）=（ 0.2 ）×（ 0.4 ）=（ 0.08 ）
　　　　　　　　　　　（サ）=（ 0.6 ）×（ 0.5 ）=（ 0.3 ）
　　　　　　　　　　　（シ）=（ 0.2 ）×（ 0.6 ）=（ 0.12 ）

「女児が生まれた」3つの世界の確率を正規化すると、
（コ）:（サ）:（シ）=（ 0.08 ）:（ 0.3 ）:（ 0.12 ）
　　　　　　　　　=（ 0.16 ）:（ 0.6 ）:（ 0.24 ）

足して1になる

第 5 講

(1) おっちょこちょいの人

(2) しっかり者、おっちょこちょいの人、しっかり者 （最初の 2 つは交換可能）

第 6 講

(1) 有意水準 0.05 より小さい確率のことが観測されたので、帰無仮説は棄却され、対立仮説が採択される。

(2) 有意水準 0.01 より小さい確率のことが観測されなかったので、帰無仮説は棄却されない。

(3) ツボ A から 2 回連続で黒球を取り出す確率は $0.04 \times 0.04 = 0.0016$ で有意水準 0.01 より小さいことが観測されたので、帰無仮説は棄却され、対立仮説が採択される。（確率の乗法法則を使っている。これは、第 10 講で解説される）。

第 7 講

タイプについての事前確率から、（ア）=（ 0.5 ）、（イ）=（ 0.5 ）となる。

情報に対する条件付確率から、（ウ）=（ 0.2 ）、（エ）=（ 0.8 ）
（オ）=（ 0.7 ）、（カ）=（ 0.3 ）

分岐した 4 つの世界の確率は、
（キ）=（ 0.5 ）×（ 0.2 ）=（ 0.1 ）
（ク）=（ 0.5 ）×（ 0.8 ）=（ 0.4 ）
（ケ）=（ 0.5 ）×（ 0.7 ）=（ 0.35 ）
（コ）=（ 0.5 ）×（ 0.3 ）=（ 0.15 ）

「黒球」が観測された 2 つの世界の確率を、正規化条件を満たすようにすると、

（キ）:（ケ）=（ 0.1 ）:（ 0.35 ）=（ $\frac{2}{9}$ ）:（ $\frac{7}{9}$ ）

「黒球」が観測された下での A の確率 =（ $\frac{2}{9}$ ）

「黒球」が観測された下での B の確率 =（ $\frac{7}{9}$ ）

以上から、ツボは（ B ）であろうと結論する。

第8講

$p = 0.4$ とすると、
（針の側が上になったのが2回、平らな面が上を向いたのが1回となる確率）

$= 3 ($ 0.4 $)^2 \times ($ 0.6 $) = ($ 0.288 $)$ ……(1)

$p = 0.7$ とすると、

（針の側が上になったのが2回、平らな面が上を向いたのが1回となる確率）
$= 3 ($ 0.7 $)^2 \times ($ 0.3 $) = ($ 0.441 $)$ ……(2)

ここで、(1) と (2) では（ (2) ）のほうが大きいので、最尤原理では、どちらかと言われれば、$p = ($ 0.7 $)$ のほうがもっともらしいと判断する。

第9講

(A & 開 B) の確率 = （ $\frac{1}{4}$ ）×（ $\frac{1}{3}$ ）=（ $\frac{1}{12}$ ）
(C & 開 B) の確率 = （ $\frac{1}{4}$ ）×（ $\frac{1}{2}$ ）=（ $\frac{1}{8}$ ）
(D & 開 B) の確率 = （ $\frac{1}{4}$ ）×（ $\frac{1}{2}$ ）=（ $\frac{1}{8}$ ）

すると、これらを正規化条件を満たすようにすれば、情報「Bが開けられた」の下での事後確率は、

(Aに車がある事後確率) = （ $\frac{1}{4}$ ）
(Cに車がある事後確率) = （ $\frac{3}{8}$ ）
(Dに車がある事後確率) = （ $\frac{3}{8}$ ）

よって、あなたはカーテンを移動（ する ）ほうがよい。

第10講

(1) （ $\frac{1}{6}$ ）×（ $\frac{1}{6}$ ）=（ $\frac{1}{36}$ ）
(2) （ $\frac{1}{2}$ ）×（ $\frac{1}{3}$ ）=（ $\frac{1}{6}$ ）

第11講

(1)　　（ガン＆検査1で陽性）の確率
　　　　＝(0.001)×(0.9)＝(0.0009)……（ア）

　　　（健康＆検査1で陽性）の確率
　　　　＝(0.999)×(0.1)＝(0.0999)……（イ）

上記の（ア）と（イ）の比が正規化条件を満たすようにすると、

$$(ア):(イ)=\frac{(0.0009)}{(0.0009)+(0.0999)}:\frac{(0.0999)}{(0.0009)+(0.0999)}$$
$$=(0.0089):(0.9911)$$

検査1で陽性だった下でのガンである事後確率は、

　　　（ガンである事後確率）＝(0.0089)

(2)　　（ガン＆検査1で陽性＆検査2で陽性）の確率
　　　　＝(0.001)×(0.9)×(0.7)＝(0.00063)……（ウ）

　　　（健康＆検査1で陽性＆検査2で陽性）の確率
　　　　＝(0.999)×(0.1)×(0.2)＝(0.01998)……（エ）

上記の（ウ）と（エ）の比が正規化条件を満たすようにすると、

$$(ウ):(エ)=\frac{(0.00063)}{(0.00063)+(0.01998)}:\frac{(0.01998)}{(0.00063)+(0.01998)}$$
$$=(0.03):(0.97)$$

検査1と検査2、両方で陽性だった下でのガンである事後確率は、

　　　（ガンである事後確率）＝(0.03)

第12講

チョコをもらったことによる改訂

（本命＆あげる）の確率＝（ 0.5 ）×（ 0.4 ）＝（ 0.2 ）……（ア）
（論外＆あげる）の確率＝（ 0.5 ）×（ 0.2 ）＝（ 0.1 ）……（イ）

チョコをもらった下での事後確率

（本命の確率）：（論外の確率）＝（ア）：（イ）＝（ $\frac{2}{3}$ ）：（ $\frac{1}{3}$ ）……（ウ）

（ウ）を事前確率に設定したうえでの、メールを頻繁にもらった場合の改訂

（本命＆頻繁）の確率＝（ $\frac{2}{3}$ ）×（ 0.6 ）＝（ 0.4 ）……（エ）
（論外＆頻繁）の確率＝（ $\frac{1}{3}$ ）×（ 0.3 ）＝（ 0.1 ）……（オ）

（ウ）を事前確率に設定し、メールが頻繁の下での事後確率

（本命の確率）：（論外の確率）＝（エ）：（オ）＝（ 0.8 ）：（ 0.2 ）……（カ）

事前確率を五分五分と設定し、チョコをもらいメールも頻繁という2つの情報での改訂

（本命＆あげる＆頻繁）の確率＝（ 0.5 ）×（ 0.4 ）×（ 0.6 ）＝（ 0.12 ）……（キ）
（論外＆あげる＆頻繁）の確率＝（ 0.5 ）×（ 0.2 ）×（ 0.3 ）＝（ 0.03 ）……（ク）

チョコももらいメールも頻繁の下での事後確率

（本命の確率）：（論外の確率）＝（キ）：（ク）＝（ 0.8 ）：（ 0.2 ）……（ケ）

ここで（カ）と（ケ）が一致するのが、逐次合理性である。

第13講

a'：b' ＝ a ×（ 0.9 ）：b ×（ 0.2 ）＝（ 9a ）：（ 2b ）

正規化条件を満たすようにすれば、

a'：b' ＝（ $\frac{9a}{9a+2b}$ ）：（ $\frac{2b}{9a+2b}$ ）

この式から、a' は a より（ 大きく ）なり、b' は b より（ 小さく ）なるとわかる。

第 14 講

$$p(A \text{ or } B) = p(\;A\;) + p(\;B\;) - p(\;C\;)$$

説明：図の長方形を 2 つ合併した図形の面積は、長方形 A の面積と長方形 B の面積の合計から、重複している長方形 C の面積を引き算したものと一致する。

第 15 講

$$\begin{aligned}
p(\text{ガン\&陽性}) &= p(\text{ガン}) \times p(\text{陽性}\mid\text{ガン}) &\cdots (\text{ア}) \\
p(\text{ガン\&陽性}) &= p(\text{陽性}) \times p(\text{ガン}\mid\text{陽性}) &\cdots (\text{イ}) \\
p(\text{健康\&陽性}) &= p(\text{健康}) \times p(\text{陽性}\mid\text{健康}) &\cdots (\text{ウ}) \\
p(\text{健康\&陽性}) &= p(\text{陽性}) \times p(\text{健康}\mid\text{陽性}) &\cdots (\text{エ})
\end{aligned}$$

このとき、(ア) と (ウ) から、

$$\begin{aligned}
&p(\text{ガン\&陽性}) : p(\text{健康\&陽性}) \\
&= p(\text{ガン}) \times p(\text{陽性}\mid\text{ガン}) : p(\text{健康}) \times p(\text{陽性}\mid\text{健康}) \quad \cdots (\text{オ})
\end{aligned}$$

(イ) と (エ) から、

$$\begin{aligned}
&p(\text{ガン\&陽性}) : p(\text{健康\&陽性}) \\
&= p(\text{ガン}\mid\text{陽性}) : p(\text{健康}\mid\text{陽性}) \quad \cdots (\text{カ})
\end{aligned}$$

(オ) と (カ) から、

$$\begin{aligned}
&p(\text{ガン}\mid\text{陽性}) : p(\text{健康}\mid\text{陽性}) \\
&= p(\text{ガン}) \times p(\text{陽性}\mid\text{ガン}) : p(\text{健康}) \times p(\text{陽性}\mid\text{健康})
\end{aligned}$$

左辺は事後確率の比であり、右辺は事前確率と条件付確率から算出される比である。

第 16 講

(1) $p(0.2 \leqq x < 0.7) = 0.7 - 0.2 = (\;0.5\;)$

(2) $p((0.1 \leqq x < 0.4) \text{ or } (0.5 \leqq x < 0.9))$
  $= (0.4 - 0.1) + (0.9 - 0.5) = 0.3 + 0.4 = (\;0.7\;)$

(3) $p((0.3 \leqq x < 0.7)$ と $(0.4 \leqq x < 0.8)$ の重なり$)$
  $= p((0.4 \leqq x < 0.7)) = 0.7 - 0.4 = (\;0.3\;)$

第17講

(1) $12 \times \dfrac{1}{2} \times \dfrac{1}{2} \times \dfrac{1}{2} = \dfrac{3}{2}$ (2) $12 \times \dfrac{1}{3} \times \dfrac{1}{3} \times \dfrac{2}{3} = \dfrac{8}{9}$ (3) $12 \times 1 \times 1 \times 0 = 0$

第18講

(1) (10000) × (0.01) + (5000) × (0.03) + (100) × (0.1) = (260)

(2) $\alpha = 8$、$\beta = 4$ のベータ分布だから、期待値は、

$$\dfrac{(\ 8\ )}{(\ 8\ ) + (\ 4\ )} = \left(\ \dfrac{2}{3}\ \right)$$

第19講

事前分布を一様分布とする。すなわち、

$y = (\ 1\ )$

と設定する。
ここで、効果のある確率が x の下で、特定の順序で 4 人に効果がある、6 人に効果がないという結果になる確率は、x を 4 個と $(1 - x)$ を 6 個かけ算すれば得られるから、

$y = x^{(\ 4\ )}(1 - x)^{(\ 6\ )}$

となる。したがって、正規化条件によって、事後確率の確率分布は、適当な定数に対して、

$y = (定数)\, x^{(\ 4\ )}(1 - x)^{(\ 6\ )}$

となる。$\alpha = (\ 5\ )$、$\beta = (\ 7\ )$ のベータ分布である。このベータ分布の平均値を求め、

$$(薬が効く確率) = \dfrac{(\ 5\ )}{(\ 5\ ) + (\ 7\ )} = \left(\ \dfrac{5}{12}\ \right)$$

と推定される。

第20講

(1) 正規分布が平均を中心として左右対称であることから、

$$p(0 \leqq z \leqq 1) = p(-1 \leqq z \leqq 1) \div (\ 2\ ) = (\ 0.3413\ )$$

(2) $p(5 \leqq z \leqq 8) = p(\dfrac{5-(\ 5\ )}{(\ 3\ )} \leqq \dfrac{x-(\ 5\ )}{(\ 3\ )} \leqq \dfrac{8-(\ 5\ )}{(\ 3\ )})$

$= p((\ 0\ ) \leqq z \leqq (\ 1\ ))$

から、(1) の結果を使って、(0.3413) と求まる。

(3) $\mu = 5$, $\sigma = 3$ の正規分布に従って観測される数値を 16 回観測して、その 16 個の数値の平均値を $\overline{x}$ とする。このとき、$\overline{x}$ は平均 (5)、標準偏差 ($\dfrac{3}{4}$) の正規分布に従う。

第21講

(1) $\dfrac{\dfrac{1}{(\ 20\ )^2} \times (\ 130\ ) + \dfrac{1}{(\ 10\ )^2} \times (\ 140\ )}{\dfrac{1}{(\ 20\ )^2} + \dfrac{1}{(\ 10\ )^2}} = (\ 138\ )$

(2) $\dfrac{\dfrac{1}{(\ 20\ )^2} \times (\ 130\ ) + \dfrac{2}{(\ 10\ )^2} \times (\ 140\ )}{\dfrac{1}{(\ 20\ )^2} + \dfrac{2}{(\ 10\ )^2}} = (\ 138.9\ )$

索引

あ

一様分布 ── 188, 191, 195-198, 203, 210, 229, 230, 233, 234, 238, 239, 241, 242

一般正規分布 ── 247, 248

演繹 ── 75, 77

か

ガウス ── 243, 244

確率記号 ── 162, 167, 184

確率的推論 ── 75, 77, 79, 81-83, 85, 101, 114, 126, 128

確率の加法法則 ── 166, 167, 172, 173, 194

確率の乗法公式 ── 122, 124, 126, 136, 150

確率分布図 ── 188, 195-198, 204-210, 212, 215, 218, 221-223, 225, 248

確率密度 ── 197, 198, 201, 205, 208, 210, 220, 229-234, 236, 238, 240, 242, 244, 245, 255-257, 260, 266

確率モデル ── 163, 164, 166-168, 170, 172, 173, 175, 188-192, 194, 195, 197, 198, 212, 235, 240, 253-255

加重平均 ── 213

仮説検定 ── 72, 81-85, 89, 90

可能世界 ── 19, 23, 25, 34-36, 38, 47, 49, 50, 60-62, 86, 87, 109, 123, 129, 130, 132, 133, 134, 141, 181, 230, 231, 232, 236

棄却 ── 80-83

期待値 ── 67-69, 188, 212-215, 217-226, 233, 237, 239, 241, 257, 258, 260, 262, 267

帰無仮説 ── 81-83

共役事前分布 ── 240, 241, 253-255, 259

グッド ——————————— 160

さ

最尤原理 ——————————— 95

最尤推定量 ——————————— 99

サベージ ——————————— 73, 160, 227

試行 ——————————— 118-124, 137, 143, 169-171

試行の独立性 ——————————— 119, 120

事後確率 ——————————— 27-31, 39-44, 50-52, 54, 55, 64-67, 69, 88, 90-93, 96, 97, 106, 111-113, 115, 126, 127, 130, 131, 135-149, 152-159, 178, 184-187, 211, 218, 232, 233, 242

事象 ——— 52, 164-167, 169-171, 173,175-186, 192-196, 198, 204-208, 220, 227, 232

自然演繹 ——————————— 75, 77

事前確率 ——— 18, 20, 28-31, 33, 40-44, 46, 47, 51, 52, 54-56, 58-61, 65, 66, 69, 70, 86, 91-94, 97, 99, 101, 106, 109, 112, 127, 131, 136-141, 143,144, 146-148, 150, 152, 154, 155, 167, 184, 187, 228, 229

事前分布 ——— 18, 19, 34, 47, 60, 61, 87, 99, 109, 128, 162, 168, 169, 200, 229, 230, 233-235, 238-242, 253-257, 259-261, 263, 264

社長の確率 ——————————— 89, 91, 148

集合 ——— 164, 165, 167, 173, 179, 189, 193, 212

従属な試行 ——————————— 120

主観確率 ——— 53, 54, 66, 69, 109, 160, 227

条件付確率 ——— 20, 21, 28, 30, 31, 35, 36, 40, 42-44, 48, 49, 51, 54, 55, 61, 62, 65, 69, 70, 87, 92, 93, 97, 109, 110, 112-114, 129, 132-134, 137, 147, 150, 174-182, 184-187, 231, 234, 256, 260

条件付確率の公式 ——————————— 178, 186

信念の度合い ——————————— 53, 169

正規化 ——— 28, 39, 40, 43, 51, 65, 70, 88, 111, 135, 155

正規化条件 ——— 19, 20, 24-27, 30, 31, 38, 42, 50, 51, 54, 64, 67, 69, 92, 93, 106, 115, 121, 130, 137, 141, 143, 152, 153, 159, 163, 185, 186, 192, 201, 202, 204-207, 210, 216, 232, 236, 238, 242, 245, 246, 256, 258, 266

正規分布 ——————————— 162, 188, 195, 243-264

素事象 ——— 163-173, 178, 179, 183, 186-192,195, 197, 201, 212, 217, 256, 258

た

対立仮説 ── 81-84

逐次合理性 ── 138, 143, 144, 146, 147, 155, 159, 234

チューリング ── 160

直積試行 ── 118, 120, 122-124, 169-173, 178-180

点推定 ── 97, 99

トーマス・ベイズ ── 71

ド・モアブル ── 243

な

ネイマン ── 72, 160

ネイマン・ピアソン統計学 ── 58, 72, 80, 81, 83, 85, 89, 94, 97, 114, 208, 243

は

パスカル ── 227

ピアソン ── 72

標準正規分布 ── 244-249, 251, 252

標準偏差 ── 246-248, 250-252, 255-264

フィッシャー ── 72, 73, 82, 160

フェルマー ── 227

プライス ── 71

フリードマン ── 160

分散 ── 260, 261

平均値 ── 67-69, 97-99, 242, 246, 248, 250-252, 258, 260, 263

ベイジアン意思決定理論 ── 160

ベイズ逆確率 ── 27, 28, 39, 40, 42, 51, 54, 65, 69, 71, 160, 174, 184

ベイズ更新 ── 29, 30, 41, 42, 52, 54, 65, 69, 91, 258

ベイズ推定 ── 16, 28, 29, 33, 40, 44, 46, 51, 52, 56-59, 64, 65, 72, 73, 77, 78, 85, 89, 90, 91, 92, 96, 97, 99, 101, 102, 106, 109, 111, 114, 115, 117, 126, 127, 129, 135, 136, 138, 139, 141-146, 148, 155, 158, 159, 160, 162, 167, 169, 174, 178, 181, 182, 185, 186, 188, 200, 201, 208, 211, 218-220, 228, 234, 237, 240, 242, 253-260, 263

ベイズ統計学 ── 17-19, 29, 73, 76, 94, 95, 99, 114, 116, 160, 243

ベイズの公式 ── 183

ベータ分布 ―― 162, 188, 195, 200, 201, 203-210, 220-226, 228, 232-234, 236-242, 245, 254, 256, 266, 267

ま

モンティ・ホール問題
―― 102, 103, 105-107, 109, 112, 114, 115

や

有意水準 ―― 81, 82, 83, 84, 85, 89, 90, 91

ら

ライプニッツ ―― 227

ラプラス ―― 71, 243

理由不十分の原理 ―― 47, 51, 54, 60, 61, 65, 66, 69, 86, 87, 92, 97, 109, 114, 127, 128, 139, 148

リンドレー ―― 160

論理的推論 ―― 73, 75, 77-80, 82, 128

記号・数字

[0,1]-ルーレット・モデル
―― 191-194, 196, 198, 199, 202, 203

3囚人の問題 ―― 103, 104, 105, 107, 111, 114

μ ―― 246-252, 260, 262-264

σ ―― 246-252, 260, 262, 263

&の事象の確率法則 ―― 181, 231, 234, 256

［著者］

小島寛之（こじま・ひろゆき）

帝京大学経済学部教授。経済学博士。専攻は数理経済学。
1958年東京生まれ。東京大学理学部数学科卒。同大学院経済学研究科博士課程単位取得退学。
著書は『使える！確率的思考』（筑摩書房）、『確率の発想法』（NHK出版）、『完全独習　統計学入門』（ダイヤモンド社）など多数。

完全独習　ベイズ統計学入門

2015年11月19日　第1刷発行
2024年 6月21日　第8刷発行

著　者―――――小島寛之
発行所―――――ダイヤモンド社
　　　　　　　〒150-8409　東京都渋谷区神宮前6-12-17
　　　　　　　https://www.diamond.co.jp/
　　　　　　　電話／03・5778・7233（編集）　03・5778・7240（販売）
装丁・本文デザイン・DTP―遠藤陽一、金澤彩（DESIGN WORKSHOP JIN, inc.）
本文イラスト―――田渕正敏
校正―――――――鷗来堂
製作進行―――――ダイヤモンド・グラフィック社
印刷―――――――勇進印刷（本文）・加藤文明社（カバー）
製本―――――――加藤製本
編集担当―――――上村晃大

©2015 Hiroyuki Kojima
ISBN 978-4-478-01332-8
落丁・乱丁本はお手数ですが小社営業局宛にお送りください。送料小社負担にてお取替えいたします。但し、古書店で購入されたものについてはお取替えできません。
無断転載・複製を禁ず
Printed in Japan

◆ダイヤモンド社の本◆

初めて学ぶ人、
今度こそ理解したい人へ

超基本を理解するだけで、マーケティング調査のデータ分析、金融商品のリスクとリターン、株・為替のボラティリティ、選挙の出口調査までわかる！

**完全独習
統計学入門**

小島寛之 [著]

● A5判並製 ●定価（本体1800円＋税）

http://www.diamond.co.jp/